刘思嘉　编著

竖直无轴承电机原理与位置控制系统

清華大學出版社
北京

内 容 简 介

本书系统介绍了竖直无轴承电机转子姿态控制问题，主要包括竖直无轴承电机转子运动姿态的数学描述、竖直转子的动力学特性、基于陀螺效应的竖直转子姿态控制算法设计、基于 $\mathscr{L}_1$ 自适应控制的转子姿态控制算法改进等内容。

本书可作为电气工程、机械工程、控制科学与工程等学科研究无轴承电机及其控制的参考书，也可供从事相关研究的高校教师、研究生和工程技术人员阅读参考。

图书在版编目(CIP)数据

竖直无轴承电机原理与位置控制系统/刘思嘉编著. —北京：清华大学出版社，2022.8
ISBN 978-7-302-59207-5

Ⅰ. ①竖… Ⅱ. ①刘… Ⅲ. ①电机—转子—姿态控制 Ⅳ. ①TM303.3

中国版本图书馆 CIP 数据核字(2021)第 190157 号

责任编辑：王一玲
封面设计：常雪影
责任校对：郝美丽
责任印制：丛怀宇

出版发行：清华大学出版社
网　　址：http://www.tup.com.cn，http://www.wqbook.com
地　　址：北京清华大学学研大厦 A 座　　**邮　　编**：100084
社 总 机：010-83470000　　**邮　　购**：010-62786544
投稿与读者服务：010-62776969，c-service@tup.tsinghua.edu.cn
质量反馈：010-62772015，zhiliang@tup.tsinghua.edu.cn
课件下载：http://www.tup.com.cn，010-83470236
印 装 者：大厂回族自治县彩虹印刷有限公司
经　　销：全国新华书店
开　　本：185mm×260mm　　**印　　张**：7.75　　**字　　数**：192 千字
版　　次：2022 年 8 月第 1 版　　**印　　次**：2022 年 8 月第1 次印刷
印　　数：1～1500
定　　价：99.00 元

产品编号：083720-01

前　言

无轴承电机(Bearingless Motor)是磁悬浮轴承与电机相结合的机电一体化装置，具有无摩擦、低损耗、低噪声、免润滑等优点。近年来，无轴承电机越来越引起国内外研究者的重视，成为电机研究前沿的重要方向之一。无轴承电机的理论涵盖了电机、控制、力学等多个领域，具有相当的综合性。目前国内关于无轴承电机研究的著作较少，特别是竖直无轴承电机分析与控制方面的著作尚未见到。本书可以为研究者和相关工程技术人员提供这方面的参考。

低速竖直旋转装置在日常生活、工业生产和科学研究中有着广泛的应用。这类装置由于结构或功能限制，往往只有下端有机械轴承固定，而上端开放，这就使得转子运行时的振动成为一个不容忽视的问题，并由振动衍生出噪声、设备磨损等问题。本书针对这类转子振动问题提出一种新型的转子定位控制系统。该系统由多个共用转子的弧形直线感应电机组成，通过直线感应电机定转子之间的法向力来对转子进行非接触式定位控制，以减小转子的振动；通过直线感应电机定转子之间的切向力来驱动转子转动。这种转子定位控制系统的基本思想与磁悬浮轴承或无轴承电机系统相同，都是通过对转子施加非接触的电磁力来控制转子位置。但是，传统的磁悬浮轴承主要研究的是高速水平转子，而对于低速竖直转子则研究较少。而在低速竖直转子的运动中存在着许多特殊情况：首先，低速情形下，转子本身是一个不稳定的系统；其次，竖直情形下，转子的运动中将会呈现更为复杂的非线性动力学特性。这些特点使得竖直低速转子的定位控制原理变得更为复杂。另外，传统的无轴承电机方案是通过在定子绕组中附加悬浮绕组来实现转子悬浮，其原理、结构和工艺都比较复杂，而采用多个直线感应电机来进行转子定位控制则可以省去附加绕组，使得电机结构简单、加工容易。因此，本书的研究既具有一定的理论难度，又具有一定的应用前景。

本书从无轴承电机的发展历程讲起，以竖直无轴承电机为例，重点阐述了无轴承电机的原理，单边轴承的模型、特性和控制。全书共分 9 章。第 1 章介绍无轴承电机的发展历史、研究现状、分类和基本原理；第 2 章介绍竖直无轴承电机的基本组成、数学模型以及驱动特性；第 3 章介绍不均匀气隙时的电机气隙磁场解析计算方法；第 4 章主要介绍直线感应电机法向力和切向力解耦问题；第 5 章主要介绍基于陀螺效应的竖直转子定位控制算法问题；第 6 章主要介绍基于 $\mathscr{L}_1$ 自适应控制的转子定位算法研究；第 7 章主要介绍起动阶段转速动态变化时的转子定位控制算法；第 8 章主要介绍竖直无轴承电机的一个实例验证；第 9 章对竖直无轴承电机的研究成果及其未来研究方向作出总结和展望。

本书可作为电气工程、机械工程、控制科学与工程等学科研究无轴承电机及其控制人员的参考书，也可供从事相关研究的高校教师、研究生和工程技术人员阅读参考。

本书的研究工作是作者在博士课题研究的基础上，在北京市教委科技计划(KM201911232016)的大力支持下完成的，在此衷心感谢作者的导师——北京交通大学范瑜教授，并向北京市教育委员会表示衷心的感谢。

本书初稿经蒙范瑜教授和清华大学杨耕教授认真审阅，两位教授提出了很多宝贵的意见。在本书的编写和出版过程中得到了清华大学出版社的大力支持。在此向两位教授和清华大学出版社表示诚挚的感谢。

限于水平，书中难免存在谬误和不足之处，敬请各位专家、学者给予批评指正。

刘思嘉

2021 年 7 月于北京

目　录

第1章 无轴承电机概述

1.1 历史概述

人类对旋转装置的应用大约可以追溯到古埃及时期，工匠们采用滚木来运送巨大的石块建造金字塔。而考古学发现的最早的轴承的雏形大约可以追溯至公元前的罗马时期。到18世纪末，欧洲的工程师发明了现代意义上的"轴承"。随后的近200年，"轴承"一直是人类用来减小摩擦阻力的最佳途径。然而，进入20世纪以后，随着电机技术的不断发展，电机转速的提高，应用范围、应用场景的扩展，机械轴承直接接触的摩擦力等问题正在成为电机进一步发展的桎梏。因此，在20世纪50年代，美国弗吉尼亚理工大学的Jesse Beams教授提出了主动式磁悬浮轴承(Active Magnetic Bearing，AMB)的想法[1,2]。但是，囿于当时的技术条件限制，这些研究仅仅停留在理论上。直到二十多年后的20世纪70年代，瑞士苏黎世联邦理工学院(ETH)的G. Schweitzer教授发表了AMB特性的论文[3]，标志着磁悬浮轴承的研究正式进入系统化阶段。其后的二十多年中，世界各国的研究者纷纷加入研究行列，到了20世纪末，磁悬浮轴承的理论体系基本建立，开始出现基于磁悬浮轴承的工业应用，如透平机、飞轮储能、陀螺仪等[4]。

将磁悬浮轴承与电机相结合的方案具有很好的应用前景。然而，简单地采用磁悬浮轴承代替传统电机中的机械轴承，将会使得电机的结构变得复杂而庞大，还存在改善的空间。因此，在20世纪80年代末，有研究者提出了无轴承电机的想法[5,6]。

无轴承电机(Bearingless Motor)是一种能够将磁悬浮轴承和传统电机功能相结合的机电一体化装置，能够通过一套装置同时实现电机和磁悬浮轴承的功能。因此，有些学者也称其为"自轴承电机"(Self-Bearing Motor)[7]。其理论思想很简单，在同一空间内，既有驱动转子转动的旋转磁场，又有控制转子径向偏移的悬浮磁场，从而大大缩减整个装置的尺寸，提高集成度。当然，这样的高度集成也带来了一些问题：一方面，要同时产生这两个磁场，就需要在一个空间里布置两套励磁绕组；另一方面，同时存在这两个磁场，还会有耦合和互相干扰的情况。这就使得无轴承电机的励磁和磁场分析都非常复杂，给电机设计、制造和控制都带来了很大困难。因此，如何改进设计结构，以简化其磁场和控制，近二十年来一直是无轴承电机的研究热点。

1.2 无轴承电机的原理和研究现状

1.2.1 磁悬浮轴承

无轴承电机，其实质就是将传统的驱动电机与磁悬浮轴承合二为一的机电一体化装置。从原理上来说，就是在传统的磁悬浮轴承基础上附加驱动转子旋转的功能，核心的部分仍然是磁悬浮轴承。对于磁悬浮轴承来说，其基本原理就是用非接触的电磁力来代替传统机械轴承。很多研究者也提出了各种不同的磁悬浮轴承设想。这些设想大体上有8种，按照不同的标准，可以分成不同的类型：例如，根据悬浮力产生原理的不同，可以分为悬浮力来自洛伦兹力或来自磁阻力①；按照磁悬浮系统的控制手段，磁悬浮轴承也可以分成主动式和被动式磁悬浮轴承，当然，实际装置中并不存在纯粹的"被动磁悬浮轴承"②，所谓的被动式磁悬浮轴承指的是一部分自由度上采用主动，另一部分自由度采用被动电磁力进行悬浮的磁悬浮轴承。各种不同类型的磁悬浮轴承如图1-1所示(图中以"A"和"P"分别表示主动和被动式磁悬浮轴承)。

第1类磁悬浮轴承就是目前应用最广泛的主动式磁悬浮轴。其简化的原理示意图如图1-2所示。通过位置传感器检测转子位置，从而得到转子的位置信号，将位置信号发送给控制器，从而得到所需要的控制信号，再将控制信号经过功率放大器和执行器，作用于控制对象即转子，对转子施加非接触的电磁控制力，从而控制转子位置。

第2类调谐LCR电路轴承可以在一个LC谐振电路的谐振中心附近实现稳定的动力学特性。然而，由于这种结构缺乏增加阻尼的结构，使得系统的稳定域很小，并且只能产生很小的悬浮力。这一技术曾经在磁悬浮轴承研究的早中期应用于陀螺仪中[8]，但随着控制器性能的提高，其结构简单的优势已经无法弥补其内在缺陷。

第3类磁浮轴承采用永久磁铁提供悬浮力。如前所述，仅通过这种被动的悬浮无法实现所有自由度的稳定。因此，通常做法是将其与主动式磁悬浮轴承相结合，形成所谓的混合轴承[9,10]。

第4类磁悬浮采用超导材料的$\mu_r=0$的特性，依靠完全超导体的抗磁性来实现稳定的悬浮，目前这类磁悬浮尚无实际的工业应用，但实验研究已取得了很大进展。例如Moon等

---

① 当然，从物理本质来说，磁阻力和洛伦兹力都是来源于运动电荷的磁效应。

② 早在19世纪末，英国的数学家Samuel Earnshaw就通过严格的数学推导证明，仅凭被动的磁场力(例如永磁体)是无法实现全自由度稳定悬浮的。Earnshaw的时代尚不知磁悬浮轴承为何物，因此，并不存在全部通过被动磁场力实现悬浮的装置，所谓的"被动"磁悬浮轴承指的是一部分自由度的悬浮力是被动磁场力。

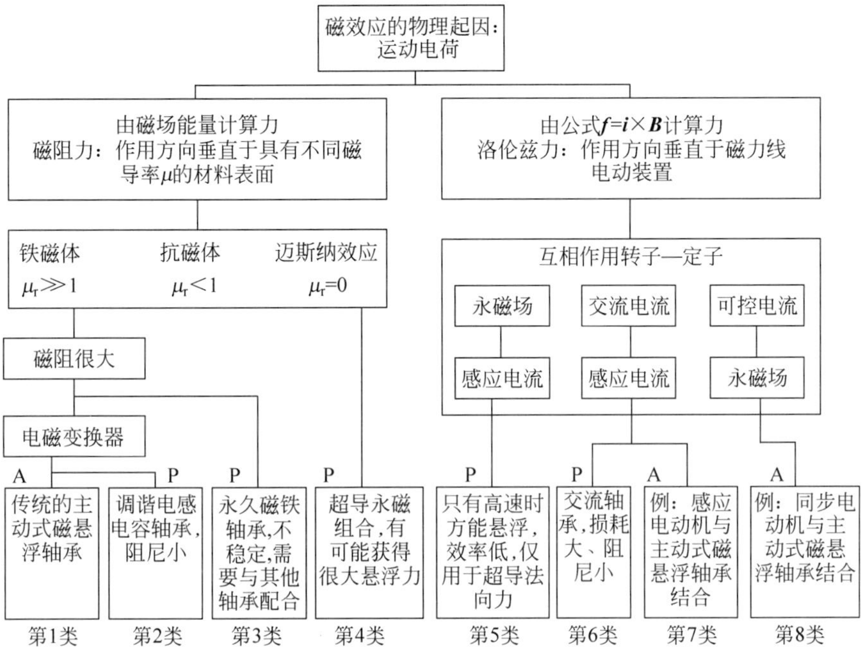

图 1-1 磁悬浮轴承的分类[4]

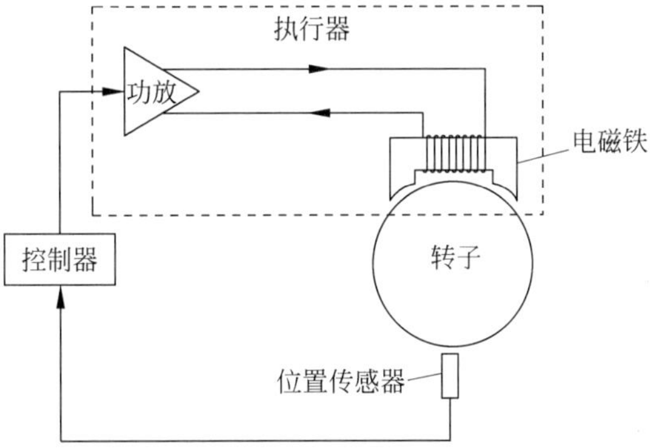

图 1-2 主动式磁悬浮(AMB)系统原理示意图[4]

人[11]通过高温超导体支撑转子实现了 120 000r/min 的高转速实验。而西门子和 NEXAN 超导体公司也设计实现了一个 4MV·A 的高温超导同步发电机的被动式悬浮轴承实验台[12](轴承承载力约 4900N，最高转速 4500r/min)。

第 5 类磁悬浮利用定子和动子之间的高速相对运动来感应出涡流，从而产生排斥力，当相对速度足够大时，产生的斥力也就足以支撑运动物体。这种磁悬浮技术在高速交通工具中有很多应用，而在磁悬浮轴承中也有应用[13]。

第 6 类轴承与第 5 类的悬浮原理类似，不同之处在于它是依靠交变电流形成交变磁通而不是永磁体的相对运动来感应涡流和形成排斥力。然而，涡流在一般导体中产生的悬浮力非常微弱，这种悬浮的阻尼特性也很不理想[14]。

第 7 类和第 8 类是将磁悬浮轴承与电动机结合的方案，也就是接下来本书要重点讨论的无轴承电机。

1.2.2　无轴承电机的基本原理

在提出后的二十多年里，研究者们对各种类型的磁悬浮轴承（即图1-1中的第1类～第6类）都进行了大量研究，最终发现，唯有主动式磁悬浮轴承（图1-2）是最能满足各种控制指标、材料和运行条件要求最低的实现方案。但是，如果将电机中的机械轴承用磁悬浮轴承代替，那么，整个装置的结构将会相当庞大和复杂，同时，磁悬浮轴承会使得电机转子的转轴变长，容易引起转子轴弯曲和振动（如图1-3(a)所示）。因此，将磁悬浮轴承与旋转电机相结合，就可以缩小系统的尺寸，避免诸如转子轴过长带来的问题（如图1-3(b)所示）。当然，如前所述，这种高度集成的结构，会使得控制系统更为复杂，增加成本，降低系统的可靠性。

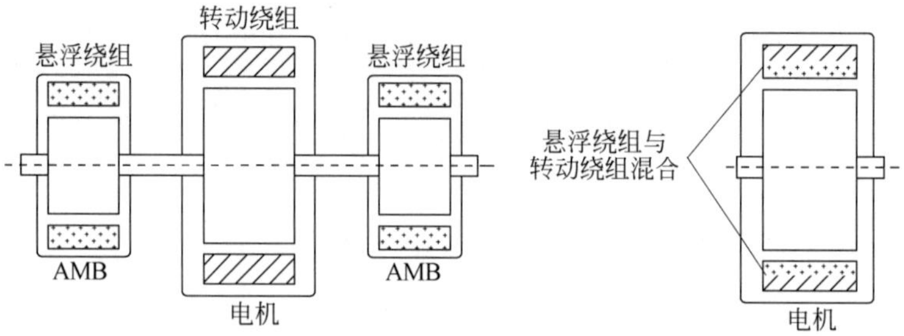

(a) 采样磁悬浮轴承的电机　　(b) 无轴承电机

图1-3　磁悬浮轴承电机和无轴承电机示意图

如果按照悬浮力的来源不同，无轴承电机可以分为以下几种类型。

1. 交流磁场产生悬浮力[15-17]

这种电机定转子的磁极数相差2个，因此也称为$P\pm2$型无轴承电机（P为电机极数①）。利用这相差的2个磁极产生径向力使转子悬浮。也就是说，在气隙中产生两个旋转磁场，即通常的电机旋转磁场（用于驱动转子旋转）和悬浮磁场（用于控制转子悬浮）。下面简单阐述该无轴承电机的原理。

考虑一个M对极的交流电机转子（$P=2M$），其磁通密度（简称磁密）正弦分布：

$$b_r(\theta,t)=B_r\cos(\omega t-M\theta) \tag{1.1}$$

其中，B_r为磁场峰值；ω为转子转动角速度；θ为转子的位置角（如图1-4所示，注意图中以转子4极永磁电机为例绘制，但实际可以是其他形式的交流电机）。

传统电机中，气隙磁密就是式(1.1)所示的磁密，它能够使得电机产生恒定的转矩，驱动转子旋转。但是，为了给转子一个悬浮力，考虑在定子电流中产生一个如下的悬浮控制磁场，其磁密表达式为

$$b_f(\theta,t)=-B_{F1}\cos(\omega t-N\theta)-B_{F2}\sin(\omega t-N\theta) \tag{1.2}$$

① 在国内电机领域的相关教材和文献中，通常以p表示电机极对数，$2p$表示电机极数，按照国内惯例，此种方式应表示为“$2p\pm2$型”。此处按照国外无轴承电机相关文献惯例，用P来表示电机极数。

其中,N 为定子悬浮磁场的极对数;B_{F1} 和 B_{F2} 是悬浮磁场两个分量的峰值。

此时,气隙总磁场为式(1.1)和式(1.2)的总和,即

$$\begin{aligned} b &= b_r(\theta,t) - b_f(\theta,t) \\ &= B_R\cos(\omega t - M\theta) + B_{F1}\cos(\omega t - N\theta) + \\ &\quad B_{F2}\sin(\omega t - N\theta) \end{aligned} \tag{1.3}$$

这个磁通在 θ 方向的面积微元 Δs 产生的径向力为

$$\Delta F(\theta) = \frac{b^2}{2\mu_0}\Delta s \tag{1.4}$$

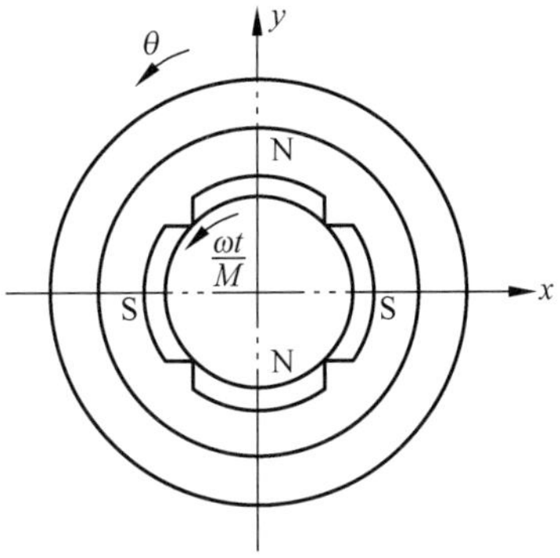

图 1-4 以 4 极永磁电机为例的电机坐标系统

将式(1.3)代入式(1.4),可以得到,当 $M-N=\pm 1$ 时,x 和 y 方向的悬浮力是一个恒定值:

$$\begin{cases} F_y = \dfrac{\pi b_R r L}{2\mu_0} B_{F1} \\ F_x = \dfrac{\pi b_R r L}{2\mu_0} B_{F2} \end{cases} \tag{1.5}$$

这样,就能够通过控制 B_{F1} 和 B_{F2} 来控制转子的悬浮位置。这种控制的一个简单的示意图如图 1-5 所示。

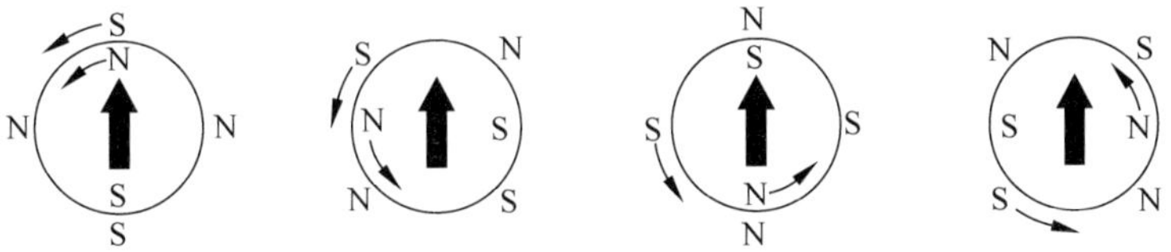

图 1-5 $P+2$ 极算法的悬浮力示意图

2. 直流磁场产生悬浮力[18]

通过直流磁场产生悬浮力,来控制转子位置,从物理原理上更为简单。在电机的交流绕组之外,附加直流悬浮绕组,通入直流电流产生可调的恒定电磁力,来调节转子的位置(如图 1-6 所示)。通常,为了增大悬浮力,这种方式与永磁体悬浮相组合,通过永磁体的磁力来提供大部分悬浮力,二悬浮绕组中的可调电流用于控制悬浮力的大小。

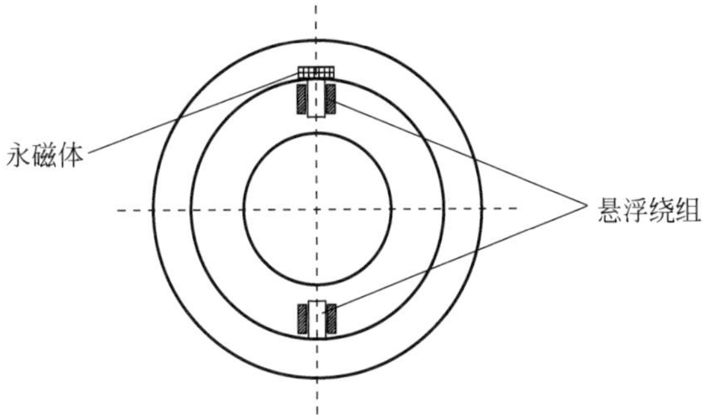

图 1-6 直流磁场无轴承电机原理示意图

3. 其他无轴承电机

其他无轴承电机，如利用洛伦兹力产生悬浮力和旋转力矩的洛伦兹力型无轴承电机[19]，以及无轴承盘式电机[20,21]等，这里不再一一赘述，有兴趣的读者可以参阅相关文献。

1.2.3 无轴承电机的研究现状

对于大部分传统电机，如果将其转子通过各种方式采用非接触的电磁力进行悬浮（无论悬浮力来自直流或交流磁通），就构成了相对应类型的无轴承电机。因此也可以按照电机本体所属的类型进行分类，如无轴承异步电机、无轴承同步电机，以及近年来逐渐成为研究热点的无轴承开关磁阻电机等。这三类无轴承电机，国内外都有大量的研究。

无轴承异步电机的研究主要集中在悬浮力与转矩的解耦控制。例如邓智泉等人[22]在研究电机磁悬浮机理的基础上，提出了一种利用气隙磁场定向控制方法来实现悬浮和旋转两者之间的动态解耦控制。贺益康等人[23]针对无轴承电机运行中的起动及突加负载大等动态过程，进行了稳定悬浮的运行仿真，指出运行中的参数变化破坏了电机两正交悬浮力之间的解耦条件，从而影响了转子的悬浮性能，并针对此问题提出了一种优化气隙磁场定向的控制系统，通过对气隙磁链幅值和相位的实时修正，实现了在气隙磁场定向基础上的动态解耦控制，有效地提高了考虑参数变化及计及饱和时感应型无轴承电机的实际悬浮运行能力。邓智泉等人[24]针对无轴承电机控制中基于转矩绕组气隙磁场定向算法中存在的一些局限，诸如控制运算量较大、固有的最大转矩限制以及难于实现自适应控制等，提出了一种基于转矩绕组转子磁场定向的控制算法，来确保电机的调速性能，使其在使用中更为灵活。卜文绍等人[25]为实现三相无轴承异步电机的高性能悬浮和驱动控制，研究了4极转矩系统和2极磁悬浮系统的磁场定向控制问题；对转矩系统采用了转子磁场定向，而悬浮系统采用了气隙磁场定向和感应补偿的组合控制策略，对三相无轴承异步电机的控制系统进行了仿真和实验分析。卜文绍等人[26]经过理论推导得出激磁电感解析模型，基于转矩系统气隙磁链的可控磁悬浮力模型和不稳定单边磁拉力解析式，给出单边磁拉力前馈补偿方法。E. F. Rodriguez 等人[27]则应用间接气隙磁场定向和转角自动修正相结合的方法，设计了一种针对分裂绕组的无轴承感应电机的控制系统。

对于无轴承同步电机的研究，主要集中在新型电机结构和控制策略上，如 J. Asama 等人[28]提出了一种新型的单自由度永磁无轴承电机结构，并在一个微型转子上（转动惯量 $5.2\times10^{-5}\,\mathrm{kg\cdot m^2}$）进行了验证。H. Sugimoto[29]则应用相似原理设计了一种双自由度悬浮的永磁无轴承电机结构，通过三维有限元方法对宽气隙条件下的电机进行了仿真。S. Zhang 等人[30]利用转子磁场定向实现无轴承永磁电机的转矩和悬浮力解耦，从而提出了一种新的轴位移控制策略。张少如等人[31]则根据径向悬浮力与转子偏心位移的关系，提出了无轴承永磁同步电机转子偏心位移直接控制的方法，并设计了相应的控制器。孙晓东等人[32]针对无轴承电机电感参数难于直接准确测量的问题，从电磁理论出发，用解析方法推导出无轴承永磁同步电机各参数较为准确的计算公式，从而改善电机的静态和动态性能。

对于无轴承开关磁阻电机的研究则主要集中在电机建模和控制策略的研究上，如李倬等人[33]考虑到定转子极宽的不相等所带来的影响，采用基于直线磁路和变椭圆系数的椭圆磁路分割的方法，推导出了一般意义下的无轴承开关磁阻电机模型。而 X. Cao 等人[34]则提出了一种基于混合励磁的设计方案，实现了电机法向力和平均转矩的分别控制。Y. Yang 等人[35]对一种 12/8 极的无轴承开关磁阻电机提出了一种基于最小磁动势策略的控制算法，能够减少转矩波动和定子振动。周云红等人[36,37]则提出一种内外双定子的开关磁阻无轴承电机，将悬浮绕组设置于内定子上，来减小悬浮和驱动绕组的耦合。王喜莲等人[38]提出了一种新型绕组结构的无轴承开关磁阻电机，并采用有限元方法将这种结构与常规无轴承开关磁阻电机进行了比较，这种结构在电机运行时不需要切换控制绕组，从而降低了复杂性。Z. Xu 等人[39]提出一种一侧用机械轴承固定，另一侧采用磁悬浮轴承的水平无轴承电机结构，通过法向悬浮力来与重力平衡，从而减少机械轴承的负荷。

无轴承电机能够将原本较为庞大的“磁悬浮轴承＋电机”的结构集成在一体，提高了系统的集成度，缩小了整个系统的体积，适宜应用在一些空间狭小的场景。例如目前研究较多的微型无轴承电机应用场景之一，就是可植入式的人工心脏泵[40-42]。

1.3 基于直线感应电机解耦的无轴承电机

1.3.1 竖直无轴承电机

尽管上述研究已经取得很多进展，然而还存在一些关键性的问题影响其应用。上面的大部分研究，所针对的对象基本是水平转子，而工业生产和日常生活也有许多竖直的转动装置。对于水平转子来说，无轴承电机通过附加的悬浮绕组产生悬浮力，只要能够抵消重力的影响，就不会受到陀螺效应的影响。对于竖直转子，如果采用在普通电机励磁绕组中附加悬浮绕组的方式来控制转子位置，不但使得电机结构复杂，加工困难，而且由于无法直接抵消重力，转子定位情况比较复杂，控制要求更高，一般的控制策略难以奏效。

同时，转速对于竖直转子无轴承电机控制也有影响。竖直转子的运动大致可以分为高速竖直转子和低速竖直转子两类。这两类竖直转子在动力学特性上有着很大不同。对于高速竖直转子，其陀螺效应足够强，能够维持稳定的转动，转子运动中主要的问题是如何克服高频的涡动[43-46]；而对于低速竖直转子，随着转速的降低，转子的陀螺效应将逐渐减弱，可能不足以维持稳定的转动[47-50]；同时，转子高速自转时由陀螺效应所带来的对外界干扰的抵抗性也会减弱，这些因素都使得转子系统本身可能处于不稳定状态。同时，与水平转子不同，竖直转子即使在低速时，其振动仍然呈现出分叉等非线性动力学特性[50]。高速磁悬浮轴承中所研究的抑制进动和章动影响的控制策略，在低速情况下的定位效果可能不理想，甚至无法实现稳定定位。综上所述，对于竖直无轴承电机，除了具有一般无轴承电机复杂的电磁特性和控制要求外，还具有其自身独特的动力学特性，其研究涉及力学、磁轴承和电机的交叉领域，其结构与控制具有相当的复杂性。

1.3.2　基于多直线电机的竖直无轴承电机

无轴承电机与普通电机在结构上最大的不同是在普通电机的励磁绕组中加入附加的悬浮绕组，通过对各个悬浮绕组的单独控制，由此产生不平衡的悬浮力来控制转子的位置，并在此基础上展开研究[51-56]。在电机励磁绕组内增加悬浮绕组，这无疑将使电机结构复杂，给电机加工带来一定的困难，同时还会受到电机几何尺寸的限制。针对上述问题，如果能够采用某种方法，省去附加的悬浮绕组，则能够大大简化电机结构，使得电机加工更加容易，电机控制更为简单。多直线电机的俯视示意图如图1-7所示。为了研究这种电机，主要需要研究下面两个问题。

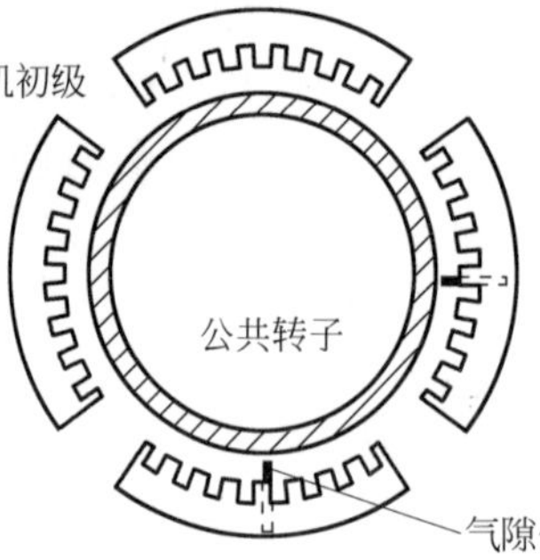

图1-7　多直线电机的俯视示意图

1. 直线感应电机的解耦

在旋转感应电机的定子和转子之间，除了转矩，还存在着法向力，但由于旋转电机结构上的对称性，使得法向力之间互相抵消，从而对外只表现出转矩的效果。如果能够利用感应电机的法向力，来获得磁悬浮轴承所需要的支承力，则可省去无轴承电机所需的额外绕组及附属的控制系统，简化电机结构。而直线感应电机恰恰具有这样的法向力[57-59]。如果将原本连为一体的电机定子分割为多个弧形直线感应电机定子，根据控制要求对各个定子施加不同的电流，来实现不平衡的法向力施加在转子上，就可以实现利用感应电机法向力来控制转子轴线位置的目的，从而构成了无轴承电机。这样就能够大大简化电机的绕组结构。为了实现这一目的，首先需要实现的是直线感应电机的法向力与切向力的解耦控制。

目前，国内外对直线电机法向力和切向力的控制研究，主要是采用矢量控制方法，从直线电机的等效电路出发实现解耦，在此基础上进一步依据控制目标提出控制策略。如L. Wang等人[60]利用有限元分析方法建立了大气隙直线感应电机的T型等效电路，并在此基础上建立了其矢量控制模型。王珂等人[61]通过选择变频器的开关矢量来改变磁链的瞬态幅值及夹角，以实现单边直线感应电机法向力和牵引力的解耦控制。吕刚等人[62]在考虑端部效应的基础上，提出了一种基于解耦策略的直线感应牵引电机法向力自适应最优控制策略。A. K. Rathore[63]则提出了通过在$dq0$坐标系中控制次极磁通恒定来实现d轴和q轴电流分别控制法向力与切向力的基本思路，并对其进行了仿真。K. Aditya[64]与A. K. Rathore的控制思路类似，但提出了一种间接磁场定位控制策略，通过电机参数和次极速度来观测次极磁通，从而实现法向力与切向力的解耦。

2. 转子定位策略

对于上端开口的无轴承竖直转子系统来说，除了电机结构，另一个核心问题就是转子位置控制的问题，即给转子提供的控制力应当满足怎样的特性，才能够使得转子稳定的在竖直位置自转。对于竖直转子定位系统的研究，相关的研究文献较少，但是，上端开口的竖直转子系统是磁悬浮轴承的一种特殊形式，因此，其他类型的关于磁悬浮轴承控制的研究可为竖直转子的控制策略提供借鉴。国内外许多研究者在磁悬浮轴承的控制策略的研究上做了大量工作，提出了一系列不同的控制方法：如 Y. Okada 等人[65]提出了一种基于 PID 的磁悬浮轴承交叉反馈控制策略，来解决因陀螺效应导致的转子涡动耦合效应，从而实现了转子在 x-y 方向摆动的解耦。L. Zhao 等人[66]针对用于控制宇宙飞船姿态的高速飞轮的磁悬浮轴承进行了研究，提出了一种基于 PD 的磁悬浮轴承交叉反馈控制策略。M. Ahrens 等人[67]则针对一个 1kWh 的飞轮储能装置，分析了分散控制、LQR 控制和交叉反馈控制的优劣。S. Palis 等人[68]将一种基于非线性自适应反步法的控制策略应用到磁悬浮轴承的控制上，并与基于线性理论的 PID 策略的控制效果进行了对比。朱熀秋等人[69]针对交流主动式磁悬浮轴承电主轴，采用线性二次型最优控制理论设计控制器，并通过仿真和实验验证了在 20 000r/min 转速下，按照线性二次型最优设计的分散控制器能够实现转子的稳定悬浮。

转子转动过程中，还可能存在着许多其他不确定性的因素。例如转子参数的不确定性、外界随机干扰等。在如何克服这些不确定性干扰方面，国内外也有大量的研究。例如 R. Smith 等人[47]针对水平转子，提出一种采用反馈线性化和滑模控制的方法来控制转子位置，并通过仿真说明了这种方法对于参数不确定性和未建模动态具有良好的鲁棒性。K. Y. Lum 等人[70]针对转子存在质量分布不对称的情况，设计了一种在线参数辨识的控制方法，并进行了仿真。N. S. Gibson 等人[71]采用人工神经网络对参数不确定性进行辨识，同时采用 H_∞ 方法对转子进行控制，从而提出一个“智能鲁棒”控制器，并通过实验验证了控制器的鲁棒稳定性和跟踪性能。S. Sivrioglu[72]则提出了一种自适应反步法来控制一个飞轮储能系统的转子，并将其余传统的 PID 控制策略的效果进行了比较。S. E. Mushi 等人[73]设计了一个柔性的磁悬浮轴承实验装置，并以其为基础研究如何在有扰动时采用 μ 综合方法对转子进行控制。楼晓春等人[74]针对磁悬浮轴承的非线性特性，将自适应与滑模控制相结合，设计了一种磁悬浮轴承的自适应滑模控制器，来获得最优或接近最优的工作状态。N-C. Tsai 等人[75]则提出一种基于 H_∞ 理论的控制策略，用于立式磁悬浮轴承的转子位置控制，并通过 dSPACE 为控制器实现平台验证了控制效果，通过实验验证了基于 H_∞ 的自适应控制器对于转子转速变化具有较好的鲁棒性。

上述研究都取得了一定的成果，但是其研究对象大部分是高速水平转子，转速通常在 10^5 r/min 左右，较低的也在 6000r/min 以上[75]，而在前面已经指出，低速竖直转子的常规被动位置控制策略对于减小转子振动效果有限。因此，应用于低速转子的主动位置控制研究是必要且有意义的。

1.4 本书的主要内容

如前所述，现有的磁悬浮轴承研究所针对的对象基本都是水平转子，但工业生产和日常生活也有许多竖直的转动装置。对于水平转子来说，无轴承电机通过附加的悬浮绕组产生悬浮力，只要能够抵消重力的影响，就不会受到陀螺效应的影响。对于上端开口的竖直转子，如果采用在普通电机励磁绕组中附加悬浮绕组的方式来控制转子位置，不但使得电机结构复杂，加工困难，而且由于无法直接抵消重力，转子定位情况比较复杂，控制要求更高，一般的控制策略难以奏效。

本书所提出的采用多弧形直线电机的结构来代替普通感应电机的定子，同时提供转子转动所需的力矩和竖直转子定位所需的法向力，可以简化电机结构。本书各章内容按照如下安排：

第1章主要介绍无轴承电机的基本原理、发展历史、分类情况、研究现状，并对本书所研究的对象，基于多直线感应电机的竖直无轴承电机进行了简单介绍。

第2章主要介绍多弧形直线感应电机的系统的组成，包括控制对象、执行器、传感器的数学模型，以及多直线电机的驱动问题，即多个弧形直线感应电机能否形成合适的转矩使竖直转子转动。这为竖直转子定位控制研究奠定基础。

第3章主要研究弧形直线感应电机偏心带来的气隙磁场解析计算问题。无轴承电机运行时产生偏心，必然带来电机气隙不均匀，如果要精确计算这种不均匀的气隙下的磁场分布情况，就需要采用有限元方法进行研究。但是，基于"场"的有限元方法，其计算速度很难满足实时控制的要求。本章试图提出一个不均匀气隙磁场解析计算公式，并将其与有限元计算结果进行对比，以验证其有效性和准确性。

第4章主要研究直线感应电机法向力和切向力解耦控制问题。在直线感应电机提供合适的法向力以控制竖直转子位置时，如何保证切向力基本不变，以使得转子转动基本不受影响，这就是直线感应电机切向力和法向力的解耦问题。两个力的解耦是竖直转子定位控制能够实现的前提。

第5章主要研究基于陀螺效应的低速竖直转子定位控制算法。低速竖直转子定位控制与常规磁悬浮轴承或无轴承电机相比面临着一些特殊问题：一方面，低速竖直转子在动力学特性上与高速转子有着很大不同。对于高速竖直转子，其陀螺效应足够强，能够维持稳定的转动，转子运动中主要的问题是如何克服高频的涡动[43-46]；而对于低速竖直转子，随着转速的降低，转子的陀螺效应将逐渐减弱，可能不足以维持稳定的转动[47-50]；同时，转子高速自转时由陀螺效应所带来的对外界干扰的抵抗性也会减弱，这些因素都使得转子系统本身可能处于不稳定状态。另一方面，与水平转子不同，竖直转子即使在低速时，其振动仍然呈现出分叉等非线性动力学特性[50]。高速磁悬浮轴承中所研究的抑制进动和章动影响的控制策略，在低速情况下的定位效果可能不理想，甚至无法实现稳定定位。本章从基本物理原理出发，设计用于低速转子的定位控制策略，以减小系统运行时的转子振动幅度。

第6章主要研究基于$\mathscr{L}_1$自适应控制理论[76]的控制策略，用于克服参数不确定性和非线性对系统稳定性的影响，通过自适应控制来减小转子振动的振幅，实现在有不确定性及干扰时低速竖直转子的定位控制。这对于具有不确定性的竖直转子定位系统控制的理论和应用都具有重要的意义。

第7章主要研究在起动阶段的转速变化问题。在实际的转子系统的起动过程中，必然要经历一个转子从静止加速到额定转速的过程。在这个加速过程中，转子的非线性特性进一步体现出来，因此，采用基于非线性系统的反馈线性化方法对起动阶段转子进行控制。

第8章设计了一个转子定位控制实验装置，并以其为平台，通过实验验证基于陀螺效应的转子定位控制算法和基于$\mathscr{L}_1$自适应控制理论的定位控制算法的有效性。

第9章对竖直无轴承电机的研究成果及其未来研究方向进行总结和展望。

第 2 章

竖直转子定位系统的结构和驱动机理

本章主要讨论下端固定的竖直转子定位控制系统的结构和组成，对各个主要组成模块及数学模型进行介绍，重点讨论共用转子的多弧形直线感应电机结构的转子驱动机理。

本章按照如下内容安排：2.1 节分别介绍定位系统的各个组成环节，其中重点从刚体力学的原理出发，详细讨论控制对象——转子的数学模型，并对定位控制系统执行器即直线感应电机和位移传感器的数学模型进行初步讨论。2.2 节针对共用转子的多弧形直线感应电机驱动原理进行研究，并讨论直线感应电机相对于旋转感应电机，其运行中存在着的独特特性。2.3 节从仿真和实验的角度研究共用转子的多个弧形直线感应电机的驱动特性。由于控制器设计是本书后续章节所要讨论的核心内容，因此本章中暂不讨论控制器和控制算法设计的相关内容。

2.1 定位控制系统的组成结构及数学模型

如前所述，本书所研究的竖直转子定位控制系统，原理上与主动式磁悬浮轴承相同，都是通过非接触的电磁力来控制转子的位置。图 1-2 已经给出了一种典型的主动式磁悬浮轴承的原理图。如果将图 1-2 的主动式磁悬浮系统进行抽象，就得到了如图 2-1 所示的转子定位控制系统原理框图。从图中可以看出，转子定位控制系统主要由位置传感器、控制器、执行器，以及被控对象（转子）等部分组成。

图 2-1 所示的转子定位控制系统框图中，输入是转子位置参考信号，输出为竖直转子的实际位置。由于在理想情况下，竖直转子应当以竖直位置（Z 轴）为中心旋转，因此位置参考信号输入应为零。传感器用来测量转子轴线偏离竖直位置的偏角。当转子轴线偏离竖直位置 Z 轴时，经过传感器的测量，反馈到输入端，给控制器提供误差信号；控制器根据相应的控制策略，计算得出控制信号，提供给执行器；执行器根据控制信号，一方面为竖直转子旋转提供力矩，另一方面提供合适的非接触法向电磁力，以使得转子自转时其轴线能够逐渐趋

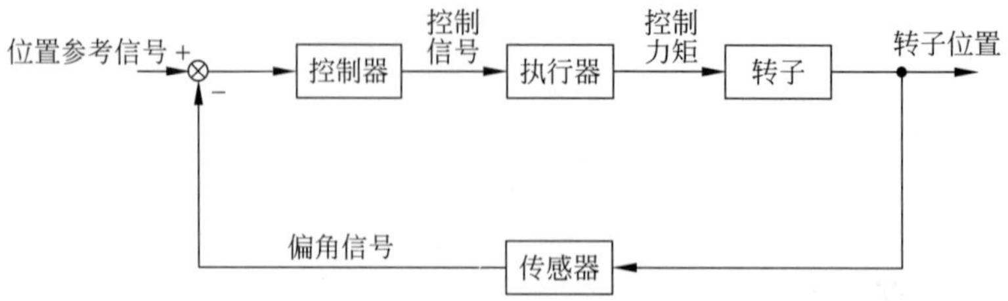

图 2-1　转子定位控制系统框图

向于竖直位置 Z 轴，这样就能克服或减少由于外界扰动、初始位置偏差或其他不确定性而引起的转子的偏心、振动等效应，从而保证竖直转子的稳定旋转。

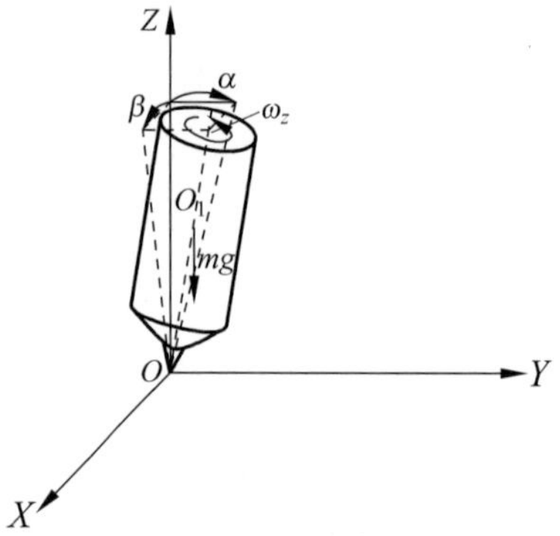

图 2-2　竖直转子示意图

本书所研究的被控对象是竖直转子，其示意图如图 2-2 所示。在建模阶段，本书首先假设转子满足如下条件：

(1) 转子的质量呈现轴对称分布，且质量分布的对称轴与几何对称轴重合。也就是说转子是一个轴对称的均匀转子。

(2) 转子的下端被一个无摩擦的固定点固定住，使得转子不会发生平动，但可以绕某一轴线自由转动。

(3) 转子为刚体，即在定位控制过程中转子不会发生形变。

(4) 转子转动时不考虑风阻等外界扰动。

本节将在上述假设条件下，讨论转子的建模问题。需要指出的是，由于上述假设具有一定的局限性，因此，在后续控制系统的设计过程中，本书还会根据实际情况考察上述假设的适用性，并提出了相应对策。

2.1.1　卡尔丹角与转子姿态描述

为了研究转子的定位控制，首先需要对转子的运动姿态做出数学描述。本书研究的转子可以用卡尔丹角[77]来描述其运动姿态，如图 2-3 所示。图中，转子与坐标原点 O 固连，能够以 O 为轴心自由转动，但不可发生相对于 O 的平动。O_C 为转子质心。忽略转子形变，可以将其看作一个关于轴 OO_C 对称的刚体。在此条件下，转子的运动可以被分解为两部分：首先是转子相对自身轴线 OO_C 的自转；其次是转子轴线 OO_C 相对竖直方向的摆动。

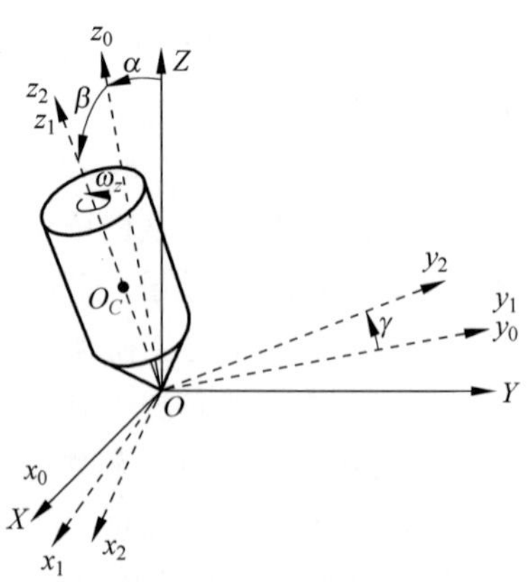

图 2-3　卡尔丹角示意图

首先，需要描述转子的姿态，即转子轴线在空间的位置。为此，建立固定坐标系 $OXYZ$ 和固连于转子的坐标系 $Ox_1y_1z_1$，则转子的姿态可以用这两个坐标系的变换来描述，这个过程分成两步：

首先将固定坐标系 $OXYZ$ 以 OX 为轴旋转 α 角得到坐标系 $Ox_0y_0z_0$，这个坐标变换可以通过如下矩阵表示：

$$\boldsymbol{T}_{X-x_0}=\begin{bmatrix}1 & 0 & 0\\ 0 & \cos\alpha & \sin\alpha\\ 0 & -\sin\alpha & \cos\alpha\end{bmatrix} \tag{2.1}$$

接下来将坐标系 $Ox_0y_0z_0$ 以 Oy_0 为轴旋转 β 角，得到坐标系 $Ox_1y_1z_1$，这个坐标变换可以通过如下矩阵表示：

$$\boldsymbol{T}_{x_0-x_1}=\begin{bmatrix}\cos\beta & 0 & -\sin\beta\\ 0 & 1 & 0\\ \sin\beta & 0 & \cos\beta\end{bmatrix} \tag{2.2}$$

则从坐标系 $OXYZ$ 到 $Ox_1y_1z_1$ 的坐标变换矩阵为

$$\boldsymbol{T}_{X-x_1}=\boldsymbol{T}_{x_0-x_1}\boldsymbol{T}_{X-x_0}=\begin{bmatrix}\cos\beta & \sin\alpha\sin\beta & -\cos\alpha\sin\beta\\ 0 & \cos\alpha & \sin\alpha\\ \sin\alpha & -\sin\alpha\cos\beta & \cos\alpha\cos\beta\end{bmatrix} \tag{2.3}$$

坐标系 $Ox_1y_1z_1$ 称为**莱查坐标系**(Resal's Coordinate)。这个坐标系的 Oz_1 轴线始终与转子对称轴重合，但不随着转子自转。通过莱查坐标系到固定坐标系的传递矩阵，就可以准确描述转子的姿态。而上述两次坐标轴旋转的角度 α 和 β，以及转子绕自身轴线自转转过的角度 γ，则称为卡尔丹角(Cardan's angle)。通常描述刚体转动的广义坐标还有欧拉角[78]。但当转子位于竖直位置时欧拉角出现奇点，因此本问题中选择卡尔丹角作为状态变量。卡尔丹角是描述刚体运动的一种广义坐标系，常用于描述陀螺仪的运动。

在莱查坐标系中，转子的质心坐标可以表示为$\boldsymbol{\xi}_1=[0\quad 0\quad c]^{\mathrm{T}}$，其中 c 为 OO_C 的长度，则转子质心在固定坐标系 $OXYZ$ 中的坐标为

$$\boldsymbol{\xi}=\boldsymbol{T}_{x_1-X}\boldsymbol{\xi}_1=c(\sin\beta\quad -\sin\alpha\cos\beta\quad \cos\alpha\cos\beta)^{\mathrm{T}} \tag{2.4}$$

可见，转子在固定坐标系中的姿态可以通过式(2.4)以卡尔丹角完全确定。而转子在莱查坐标系 $Ox_1y_1z_1$ 中的运动则是以 Oz_1 为轴的自转。

2.1.2 竖直转子的数学建模

1. 转子的运动学方程

如 2.1.1 节所述，Oz_1 始终与转子对称轴重合，转子的运动可以分解为绕自身轴的自转(自转角速度以 ω_z 表示)和莱查坐标系 $Ox_1y_1z_1$ 在固定坐标系中的摆动(此角速度向量以 $\boldsymbol{\omega}_1$ 表示)。

显然，转子关于自身自转轴的自转角速度满足

$$\omega_z=\dot{\gamma} \tag{2.5}$$

而根据莱查坐标系的生成过程，角速度向量满足

$$\boldsymbol{\omega}_1=\dot{\alpha}\boldsymbol{i}_X+\dot{\beta}\boldsymbol{j}_0 \tag{2.6}$$

其中 $\boldsymbol{i}_X$,$\boldsymbol{j}_0$ 分别为角速度沿着坐标轴 OX 和 Oy_0 的基向量。

式(2.6)可以写成如下形式:

$$\begin{cases} \omega_{1x}=\dot{\alpha}\cos\beta \\ \omega_{1y}=\dot{\beta} \\ \omega_{1z}=\dot{\alpha}\sin\beta \end{cases} \tag{2.7}$$

由于 Oz_1 始终与转子自转轴重合,因此,转子轴线在固定坐标系 $OXYZ$ 中摆动的角速度分量满足

$$\omega_x=\omega_{1x},\quad \omega_y=\omega_{1y} \tag{2.8}$$

但是 $\omega_z\neq\omega_{1z}$。

联立式(2.5)、式(2.7)和式(2.8),可得

$$\begin{cases} \dot{\alpha}=\dfrac{\omega_x}{\cos\beta} \\ \dot{\beta}=\omega_y \\ \dot{\gamma}=\omega_z \end{cases} \tag{2.9}$$

式(2.9)即为转子的运动学方程。

2. 转子动力学方程

刚体的运动遵循角动量定理,即

$$\frac{\mathrm{d}}{\mathrm{d}t}\boldsymbol{L}_O=\boldsymbol{M}_O \tag{2.10}$$

其中 $\boldsymbol{L}_O$ 为转子角动量;$\boldsymbol{M}_O$ 为合外力矩。在莱查坐标系中,式(2.10)可以写成如下形式:

$$\frac{\tilde{\mathrm{d}}}{\mathrm{d}t}\boldsymbol{L}_O+\omega_1\times\boldsymbol{L}_O=\boldsymbol{M}_O \tag{2.11}$$

式(2.11)写成分量形式,即为

$$\begin{cases} \dot{L}_x+(\omega_{1y}L_z-\omega_{1z}L_y)=M_x \\ \dot{L}_y+(\omega_{1z}L_x-\omega_{1x}L_z)=M_y \\ \dot{L}_z+(\omega_{1x}L_y-\omega_{1y}L_x)=M_z \end{cases} \tag{2.12}$$

其中 L_x,L_y,L_z 分别为转子角动量在 x,y,z 方向的投影,分别满足 $L_x=J_x\omega_x$,$L_y=J_y\omega_y$ 以及 $L_z=J_z\omega_z$。考虑这些关系,同时考虑到转子的对称性,则式(2.12)可以写成

$$\begin{cases} J_{xy}\dot{\omega}_x+(J_z\omega_z-J_{xy}\omega_{1z})\omega_y=M_x \\ J_{xy}\dot{\omega}_y+(J_{xy}\omega_{1z}-J_z\omega_z)\omega_x=M_y \\ J_z\dot{\omega}_z=M_z \end{cases} \tag{2.13}$$

其中 $J_{xy}\overset{\mathrm{def}}{=}J_x=J_y$。

式(2.13)即为转子的动力学方程。

2.1.3 转子定位系统的状态方程

式(2.13)中,等号右侧的力矩既包含了重力力矩,又包含了外加的控制力矩。因此,首先考虑仅有重力作用的情况。

重力矩可以表示为

$$M_{\mathrm{P}}=\overrightarrow{OO}_C\times\boldsymbol{P} \tag{2.14}$$

在固定坐标系 $OXYZ$ 中,转子所受重力矢量为 $\boldsymbol{P}=P\boldsymbol{k}$,$\boldsymbol{k}$ 为 OZ 轴的单位向量。如式(2.4)所定义,$\overrightarrow{OO}_C=c\boldsymbol{k}$,则在莱查坐标系中,$\overrightarrow{OO}_C=c\boldsymbol{k}_1$,其中 $\boldsymbol{k}_1$ 为 Oz_1 轴的单位向量。根据式(2.3)的坐标变换矩阵,可得

$$\begin{aligned}\overrightarrow{OO}_C&=\boldsymbol{T}_{x_1-X}[0\quad 0\quad c]^{\mathrm{T}}\\&=c[\sin\beta\quad -\sin\alpha\cos\beta\quad \cos\alpha\cos\beta]^{\mathrm{T}}\end{aligned} \tag{2.15}$$

将式(2.15)代入式(2.13),可得只有重力作用的情况下,转子受到的外力矩为

$$\begin{cases}M_x=Pc\sin\alpha\cos\beta\\M_y=Pc\sin\beta\\M_z=0\end{cases} \tag{2.16}$$

如果存在其他外力矩,则式(2.16)可以改写为

$$\begin{cases}M_x=Pc\sin\alpha\cos\beta+M_{x\mathrm{c}}\\M_y=Pc\sin\beta+M_{y\mathrm{c}}\\M_z=M_{z\mathrm{c}}\end{cases} \tag{2.17}$$

其中 $M_{x\mathrm{c}}$、$M_{y\mathrm{c}}$、$M_{z\mathrm{c}}$ 分别为 x,y,z 方向的外力矩。

将式(2.17)代入式(2.13),并与转子运动学方程式(2.9)联立,令 $x_1=\alpha$,$x_2=\beta$,$x_3=\omega_x$,$x_4=\omega_y$,$x_5=\omega_z$ 可得转子的状态方程如下:

$$\begin{cases}\dot{x}_1=\dfrac{x_3}{\cos x_2}\\\dot{x}_2=x_4\\\dot{x}_3=\dfrac{Pc}{J_{xy}}\sin x_1\cos x_2-\dfrac{J_z}{J_{xy}}x_4x_5+x_3x_4\tan x_2+\dfrac{M_{x\mathrm{c}}}{J_{xy}}\\\dot{x}_4=\dfrac{Pc}{J_{xy}}\sin x_2-x_3^2\tan x_2+\dfrac{J_z}{J_{xy}}x_3x_5+\dfrac{M_{y\mathrm{c}}}{J_{xy}}\\\dot{x}_5=\dfrac{M_{z\mathrm{c}}}{J_z}\end{cases} \tag{2.18}$$

式(2.18)即为转子的状态方程。需要指出的是,其中关于 x_5 的状态方程,即转子自转的状态方程右边的实际形式比上式中更为复杂,还应包含阻尼等因素。上式中将外力矩和阻尼的综合影响用一个笼统的外力矩 $M_{z\mathrm{c}}$ 来表示,更为准确的转子自转方程将在第 7 章中进行讨论。

2.1.4 含有不确定性的转子

式(2.18)所确定的系统状态方程可以简写成如下的向量形式

$$\dot{\boldsymbol{x}}=\boldsymbol{h}(\boldsymbol{x})+\boldsymbol{g}(\boldsymbol{x})\boldsymbol{u}(t) \tag{2.19}$$

式(2.19)所确定的系统状态方程并没有考虑转子运行时所存在的不确定性。然而,当转子在转动时,不可避免地会受到许多不确定性的影响。如果完全忽略这些不确定性,则有可能使得转子定位控制的效果变差,甚至无法实现有效控制。因此,对不确定性的研究是必要的。

转子的不确定性主要包含以下几种。

(1) 参数不确定性。从式(2.18)可以看出,转子的状态方程中包含有转子重力 P、转子质心高度 c 以及转子转动惯量 J_{xy} 和 J_z。其中,转子重力和质心高度一般能够事先准确获知;而转子转动惯量,由于其受到转子质量、形状、质量分布、转动轴位置等多种因素的影响,往往难于事先准确获知。因此,在设计控制系统时,往往需要通过近似的办法,采用一个形状尺寸与被控转子相近的理想几何体(或一组理想几何体的组合),来计算其转动惯量,并将这个转动惯量作为原转子转动惯量的理想值。这个理想值与转子转动惯量的实际值之间往往有差异,而这种差异是人们无法预先获知的。这就带来了参数的不确定性。把这种不确定性用数学式子表示出来,则转子的状态方程式(2.19)就变成了

$$\dot{\boldsymbol{x}}=\boldsymbol{h}(\boldsymbol{\theta},\boldsymbol{x})+\boldsymbol{g}(\boldsymbol{\theta},\boldsymbol{x})\boldsymbol{u}(t) \tag{2.20}$$

其中,$\boldsymbol{\theta}$ 表示不确定参数。式(2.20)表示,由于参数的不确定性,系统状态方程 $\boldsymbol{g}(\boldsymbol{\theta},\boldsymbol{x})$则表示由于参数不确定性带来的未知的输入增益。

(2) 未建模动态。式(2.18)中并没有考虑转子转轴处的阻尼。这个阻尼既能够作用于转子自转,也会对转子轴线摆动产生影响。这将会给转子运动带来额外的动态。此时,转子的状态方程将会从式(2.20)变成

$$\dot{\boldsymbol{x}}=\boldsymbol{h}(\boldsymbol{\theta},\boldsymbol{x})+\Delta\boldsymbol{h}(\boldsymbol{x})+\boldsymbol{g}(\boldsymbol{\theta},\boldsymbol{x})\boldsymbol{u}(t) \tag{2.21}$$

其中 $\Delta\boldsymbol{h}(x)$代表未建模的转子动态。

在更一般的情况下,转子的未建模动态还会更加复杂。例如式(2.18)是将转子当作一个刚体来处理。而对于实际的转子来说,其形变几乎是无法避免的。对于转动时有形变的转子(也称为柔性转子),其运动规律更为复杂。将柔性转子的运动列写成状态方程时,方程中将产生新的动态,阶数将进一步增加。这将导致转子的状态方程进一步变为

$$\begin{cases}\dot{\boldsymbol{x}}=h(\boldsymbol{\theta},\boldsymbol{x})+\Delta\boldsymbol{h}(\boldsymbol{x})+\boldsymbol{g}(\boldsymbol{\theta},\boldsymbol{x})\boldsymbol{u}(t)\\ \dot{\boldsymbol{x}}_z=\boldsymbol{\vartheta}(\boldsymbol{x})\end{cases} \tag{2.22}$$

其中$\dot{\boldsymbol{x}}_z$ 表示被忽略的转子动态。

(3) 外界扰动。外界扰动主要包括诸如空气阻力、外界振动等。外界扰动相当于在系统的输入中增加了一个不确定的输入项,此时,转子的状态方程从式(2.22)变为

$$\dot{\boldsymbol{x}}=\boldsymbol{h}(\boldsymbol{\theta},\boldsymbol{x})+\Delta\boldsymbol{h}(\boldsymbol{x})+\boldsymbol{g}(\boldsymbol{\theta},\boldsymbol{x})(\boldsymbol{u}(t)+\boldsymbol{\sigma}(t)) \tag{2.23}$$

其中,$\boldsymbol{\sigma}(t)$表示外界扰动所对应的输入。

上述这些不确定性将会使转子运动的分析和控制变得更为复杂。为了尽可能清楚地分

析竖直转子的姿态控制，本书在后续章节中将分两步进行：在第5章中，首先不考虑本节所说的不确定性，集中讨论式(2.18)所代表的确定性转子系统的定位控制；而在第6章中将对包含不确定性的转子控制进行深入分析和讨论。

2.1.5 执行器

执行器一方面要为竖直转子旋转提供力矩；另一方面，当转子在旋转时，如果偏离了竖直位置，执行器要提供定位所需的非接触电磁力，使得转子轴线能够稳定地趋向 Z 轴，以保证竖直转子的稳定旋转。实际上这相当于为竖直转子提供了一个磁悬浮轴承。

第1章提到过，目前常见无轴承电机结构中由于需要附加的悬浮绕组，使得电机结构复杂，从而造成电机加工的困难。究其原因，是因为要控制转子的位置，就需要在法向方向上对转子施加定位控制力。这种定位控制力一般情况下都是不对称的。例如对于水平转子需要额外向上的附加法向力来使得转子悬浮；而对于竖直转子，虽然法向力不存在像水平转子一样明显的偏向性，但只要转子不在竖直位置，需要的定位控制力就是不对称的。

如果能够取消这种附加悬浮绕组，同时提供不对称的法向定位控制力，则会大大简化电机的结构和加工复杂度。显然传统的旋转电机对此无能为力。然而，在传统感应电机的定子和转子之间，除了转矩，确实存在着法向力，但由于其结构上的对称性，使得旋转感应电机转子与定子间的法向力沿着圆周均匀分布，从而对外无法表现出法向力的效果，只表现出转矩的作用。如果能够去除电机的对称性，就可以利用电机的法向力，来获得磁悬浮轴承所需要的定位控制力，这样就可以省去无轴承电机所需的额外绕组及附属的控制系统。因此，如果将旋转感应电机的整圆定子分割成若干段分段定子，每一段是一个独立控制的三相弧形直线感应电机，形成若干个拥有公共转子，但电气上互相独立的弧形直线感应电机。这样，就可以通过各个直线感应电机的分别控制，来分别调节不同方向的法向力，从而实现定位目的。

这种转子定位控制的实质，就是在转子的上部自由端通过多个弧形直线感应电机法向力来控制转子偏离竖直位置的偏角。由于转子偏离竖直位置的摆动有两个自由度(绕 OX 轴偏转和绕 OY 轴偏转，即图2-2中的 α 和 β 角)。为了控制转子能够摆动，直线感应电机也要能够相应地提供两个自由度的法向定位控制力。而最容易实现这种功能的结构，就是在 X，Y 轴的正负方向对称设置两对直线感应电机。按照这种思路，本书提出一种新的无轴承电机结构，即采用四个弧形三相直线感应电机定子组成一个环形结构，四个定子共用同一公共转子。这个结构的俯视图如图2-4所示(此图仅为概念示意图，图中的定子槽数量不表示真实的定子槽数量；图中的气隙与电机尺寸之间比例也比实际做了夸大，以便清晰看出电机结构)。

在图2-4所示的多直线电机系统中，四个直线感应电机定子按照90°间隔对称排布于转子四周。每个直线感应电机的定子都与中心转子构成一个独立的弧形直线感应电机，分别对中心的转子施加法向力和切向力(如图2-5所示)。由于各个电机定子之间相互独立，没有电气联系，因此，它们各自的法向力可以分别调节，这样就能够形成不平衡法向力，从而可以利用电机法向力来控制转子轴位置。另外，各个直线感应电机的切向力力矩指向同一方向，则可以形成完整的驱动力矩来驱动转子转动。这两个力的共同作用就实现了无轴承电机的功能。这样就有效克服了前述各种类型无轴承电机中，由于需要附加的悬浮绕组而造成的电机加工的困难，使得电机结构变得较为简单，加工变得更加容易。

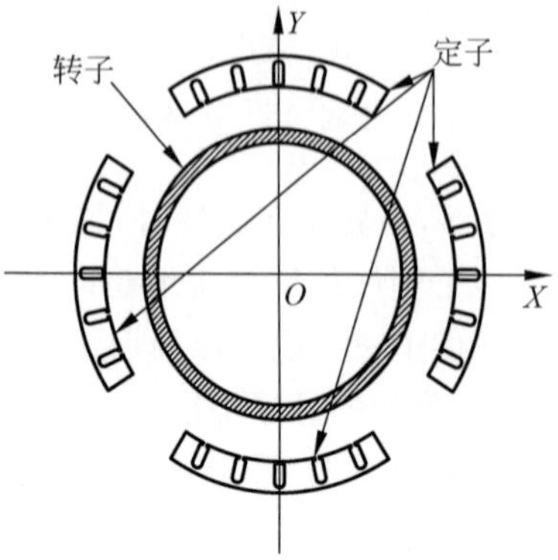

图 2-4 多直线电机系统俯视示意图

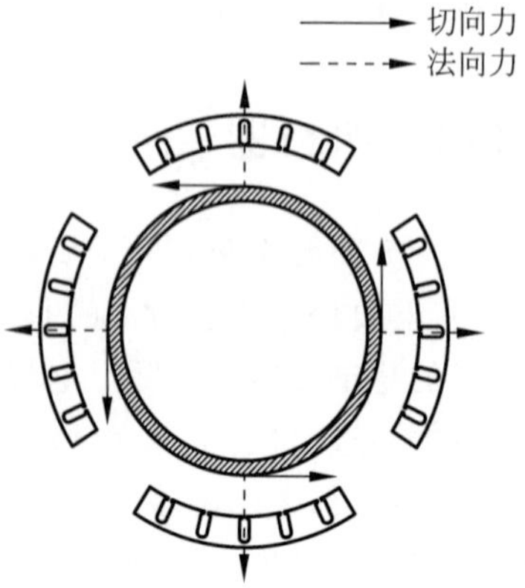

图 2-5 转子受到的法向力和切向力示意图

然而，要实现这种定位控制，首要的条件是实现直线感应电机法向力与切向力之间的解耦，即在不影响转子转动的前提下任意控制施加于转子的法向力。实现了解耦之后，就可以在控制 4 个直线感应电机的切向力形成稳定转矩的同时，按照定位控制算法分别调节 4 个直线感应电机各自的法向力，从而实现定位功能。关于直线感应电机法向力和切向力解耦的控制策略将在第 4 章中详细讨论。

2.1.6 位移传感器

位移传感器是控制系统的重要组成部分，用以测量转子偏离竖直位置位移的机械信号，并将其转换为电信号以提供给控制系统。只有确定了转子偏离竖直位置的角位移，才能计算出所需要的控制力矩。在转子定位控制系统中，位移传感器必须是非接触式的。典型的气隙传感器的输入输出特性如图 2-6 所示。

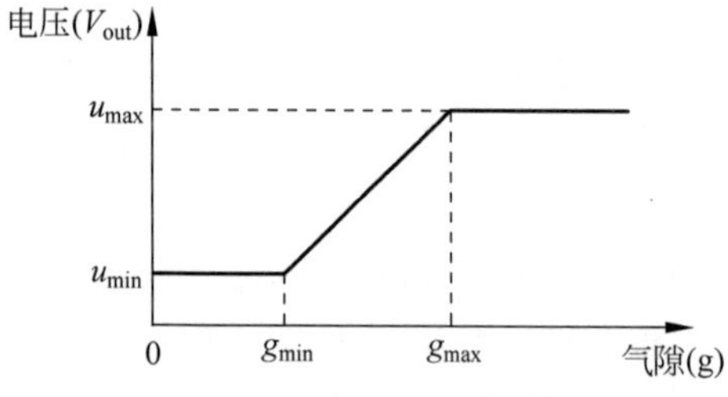

图 2-6 典型的气隙传感器的气隙-电压特性

从图中可以看出，典型的气隙传感器的输入输出特性是一个饱和曲线。传感器特性的数学表达式为

$$V_{out}=\begin{cases}u_{min} & g<g_{min}\\ f(g) & g_{min}\leqslant g\leqslant g_{max}\\ u_{max} & g>g_{max}\end{cases} \tag{2.24}$$

其中 $f(g)$ 为传感器的有效部分的输出函数。当忽略传感器非线性时，可以认为 $f(g)$ 是一个线性函数，即

$$V_{out}=\begin{cases}u_{min} & g<g_{min}\\ K_{ssr}(g-g_{min})+u_{min} & g_{min}\leqslant g\leqslant g_{max}\\ u_{max} & g>g_{max}\end{cases} \tag{2.25}$$

其中 K_{ssr} 为传感器增益。在定位控制过程中，传感器测量的是传感器测量面与转子之间的

气隙宽度，将此气隙宽度信号发送给控制器，由控制器计算出转子偏离竖直位置的角度。为了确定转子的偏转角度，至少需要两个位移传感器分别测量两个正交方向的位移（即图 2-2 中转子偏角 α 和 β 所对应的转子与传感器之间气隙的位移），传感器安装位置示意图如图 2-7 所示。

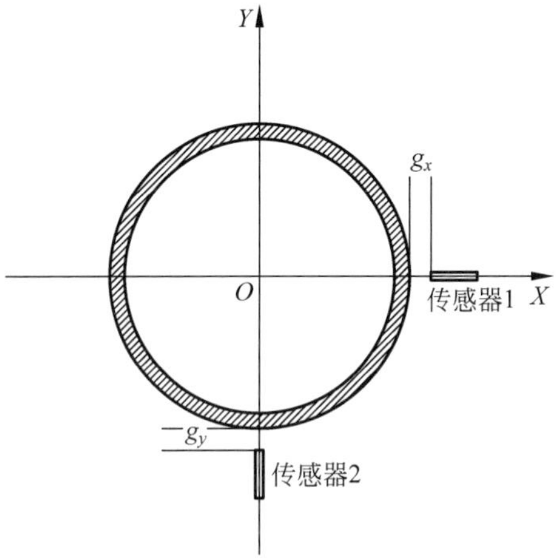

图 2-7 传感器安装位置示意图

2.2 共用转子的多弧形直线感应电机的驱动分析

2.1 节提出了多直线感应电机转子定位系统的各部分组成。其中，执行器部分为 4 个共用次级转子的弧形直线感应电机。这个执行器的功能有二：其一是产生旋转力矩驱动转子旋转，其二是通过给不同直线感应电机施加不同的激励，使得在保证转子旋转的同时，产生合适的法向力以对竖直转子进行定位控制。

我们在电机学课程中学习过，三相感应电机能够旋转的必要条件是，气隙中形成旋转磁场。而 2.1 节中设计的多弧形直线感应电机与传统的感应电机有所不同，4 个弧形直线感应电机并没有在整个转子圆周上形成整数个周期的旋转磁场，而是在每个直线电机气隙中分别产生行波磁场。那么，这种 4 个弧形定子形成的多直线感应电机能否对竖直转子形成有效的旋转力矩呢？针对这个问题，对多弧形直线感应电机的驱动研究是必要的。接下来就对 4 个弧形直线感应电机的驱动过程进行研究。

2.2.1 多直线感应电机系统的基本原理

图 2-8(a)给出了一个普通的鼠笼式感应电动机的示意图。定子槽中嵌有三相绕组，转子中嵌有鼠笼导条。让我们来复习一下感应电机的旋转过程：当定子三相绕组中通入三相交流电时，气隙中就产生了旋转磁场（图 2-8 中以一对假想磁极 NS 来表征旋转磁场，实际旋转磁场分布一般更复杂）；在旋转磁场的作用下，转子中感应出电流；感应电流与旋转磁场相互作用，从而产生电磁转矩，使得转子沿着旋转磁场的方向转动。如果采用整片的导电

层来代替原先的鼠笼条(如图 2-8(b)所示),这时上述的感应电机工作原理仍然不变[79]。

此时,如果假想将图 2-8(b)的电机沿半径方向剖开并拉直,就得到了如图 2-9 所示的直线感应电机的原型示意图。其中,旋转电机定子所对应的展开部分称为直线感应电机的**原边**或**初级**,转子所对应的展开部分称为**副边**或**次级**。此时,如果在原边槽的三相绕组中通入三相交流电,那么在直线感应电机的气隙中就会产生沿着气隙直线运动的磁场(如图 2-9 中右侧所示,以一对 NS 极表示直线运动的磁场)。这个直线运动磁场同样会在次级导体层中感应出电流。感应电流与运动磁场相互作用产生电磁推力,使得次级沿着磁场移动方向做直线运动。

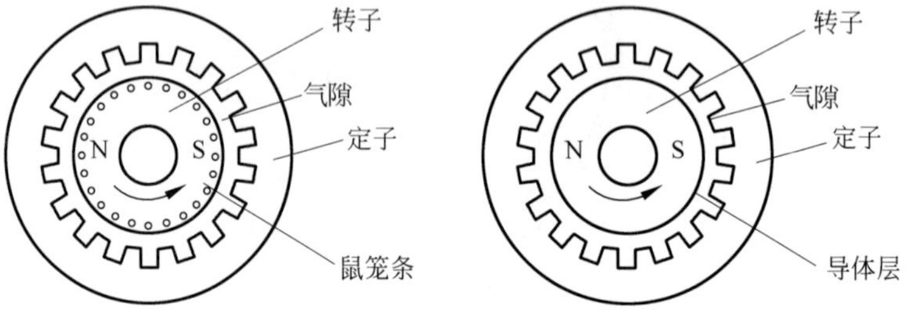

(a) 普通鼠笼感应电机　　(b) 整体导体层替代鼠笼条时的感应电机

图 2-8　普通鼠笼式感应电动机示意图

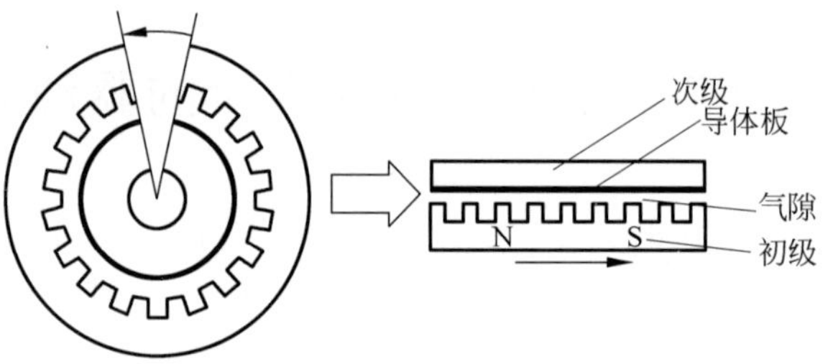

图 2-9　直线感应电机的原型示意图

进一步,如果在剖开感应电机定子之后,不将其展开成直线,而是将其展开成为与原来不同曲率的圆弧,而转子采用同样曲率的整圆转子,这样就构成了弧形直线感应电机(如图 2-10(a)所示)。此时,与前面直线感应电机的原理类似,当定子的绕组中通入三相交流电时,同样会产生运动磁场和感应电流——但此时气隙磁场将沿着弧形气隙的方向运动(图 2-10(a)中用一对 NS 磁极表示)——而感应电流与沿着弧形气隙运动的磁场作用,将会产生沿着弧形气隙切线方向的电磁推力。

但是,这个沿着气隙圆弧运动的磁场只存在于定子绕组和铁芯所在的弧长范围内,超出这个范围磁场将会很快减小到零①。因此,电磁推力也基本只存在于定子所在的弧长范围内。如果要获得能够稳定驱动转子旋转的力矩,就需要采用多个定子并合理安排弧形定子的位置。如图 2-10(b)所示,采用 4 个弧形直线感应电机定子分别布置在 X、Y 的正负方向上,各绕组分别通入三相交流电,那么,各个定子所对的气隙弧长上就能形成各自的行波磁

① 由于直线电机的端部效应,更严格的说法是在靠近定子两端时,磁场开始减小,超出边缘一定范围后磁场减小为零(关于直线电机端部效应将在第 4 章详细介绍)。

场。这些磁场分别在各自定子所在的弧长上形成切向力，这些切向力合成就能形成稳定的转矩来驱动转子转动。

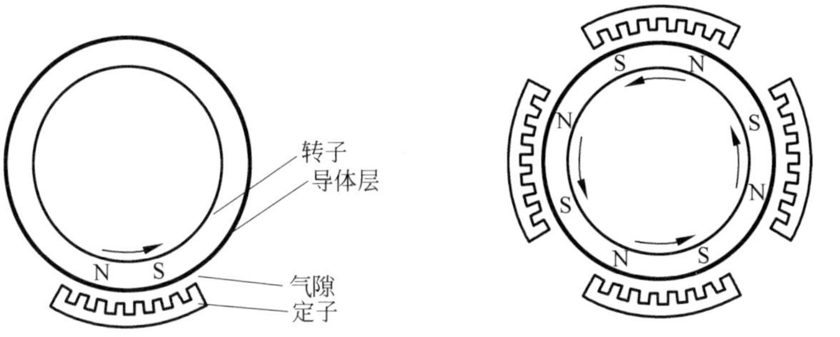

(a) 单个弧形直线感应电机磁极示意图　　(b) 多弧形直线感应电机磁极示意图

图 2-10　多弧形直线感应电机示意图

2.2.2　多直线感应电机系统的特殊性

在前面的介绍中我们看到了从传统的旋转感应电机到弧形直线感应电机的演变过程。从中可以看出，它们的基本工作原理是一致的，因此，旋转感应电机的分析方法也应该能够适用于直线感应电机。但是，由于直线感应电机结构上的特殊性，使其电磁特性中存在一些独特现象[79-82]，这些独特现象主要包括下面几类。

1. 纵向端部效应

图 2-11 是一台长次级的单边直线感应电机的示意图，A、B、C 为其三相绕组，初级沿 x 轴负方向移动，气隙的右端称为“入端”，左端称为“出端”。

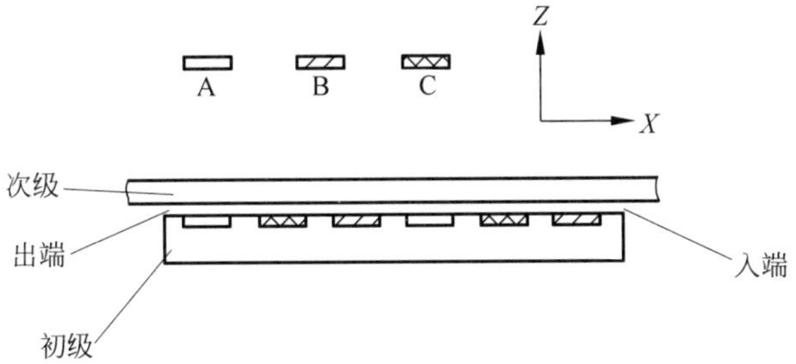

图 2-11　长次级的单边直线感应电机示意图

这时，可以从图中看出，由于初级是有限长的，因此在入端和出端就会形成一个通过电机外部空气磁路的端部磁场，这个端部磁场是一个脉振磁场，附加在三相绕组产生的行波磁场中，从而使得气隙磁场具有脉振特性。这些端部效应是由于直线感应电机结构而产生的，称为“第一类(静态)纵向端部效应”。

另外，由于初级铁芯是有限长的，因此在铁芯长度以外的部分磁场会逐渐减小到零。当初级和次级产生相对运动时，在入端一侧，次级不断从磁场为零的区域进入气隙磁场区域，而在出端一侧，次级不断从气隙磁场区域离开。此时，气隙中将会产生一个阻碍这种变化的附加瞬态磁场。这种效应称为"第二类(动态)纵向端部效应"。

2. 横向端部效应

除了上述的纵向端部效应之外,在沿着垂直于电机运动方向上,还存在着如下所述的横向端部效应。如图 2-12 所示,在横向方向的气隙中,气隙磁场分布会是不均匀的,靠近边缘两端的磁感应强度会降低。当然,这种磁场的不均匀在次级宽度远大于初级宽度时会大大减弱,此时基本可以忽略。本书所研究的直线感应电机恰好属于这种情形,其公共转子的横向尺寸要远大于弧形直线感应电机初级的横向尺寸。因此,本书的研究中忽略横向端部效应的影响。

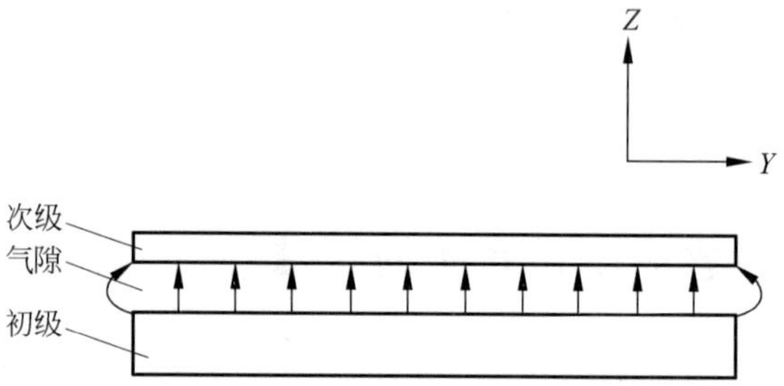

图 2-12　直线感应电机气隙磁场横向分布

需要说明的是,图 2-11 和图 2-12 中的坐标系,是按照直线感应电机相关文献的一般惯例标注,以电机气隙平面为 X-Y 平面,垂直于电机气隙平面为 z 轴。而转子定位系统的坐标系采用卡尔丹角坐标系(见 2.1.1 节)。不过根据上下文叙述很容易看出文中采用的是哪种坐标系,因此后文不再一一说明。

3. 三相电流固有不对称性

除了上面所说的纵向和横向端部效应外,在直线感应电机中,由于初级铁芯开断,因此,A、B、C 三相绕组之间的互感是不等的,也就是说三相绕组的阻抗是不对称的。因此,即使电机接入的是对称三相电源,其初级电流也是不对称的。不对称的三相电流将会导致直线电机运行时产生额外的阻力,降低电机的效率。

上述的特殊现象在普通的直线感应电机中同样存在。但是,具体到本书所研究的多直线感应电机系统,情况还有所不同。对于第一类纵向端部效应,其效果随着直线感应电机极数的增加而削弱[79],本书所研究的情形所采用的就是多极直线感应电机(详见 2.2 节),因此,第一类纵向端部效应的影响可以忽略不计。第二类纵向端部效应是由于初级铁芯开断和初级次级相对运动而产生的,这在本书的研究情境中依然存在。横向端部效应在前面已经提到,在本书的研究情境中基本可以忽略。而三相电流不对称,会导致电机运行产生额外阻力,降低电机的效率,但是并不会改变电机运行的定性性质。由此可见,在本书所研究的情况下,对于电机影响最大的是第二类纵向端部效应。

同时,本书所研究的多弧形直线感应电机系统,虽然原理上是直线电机,但是功能上是驱动公共转子旋转,因此,除了上述的直线感应电机中都存在的独特现象,还存在着其特有的特性。以下对这种特殊性进行阐述。

在图 2-8 中，当定子绕组通入三相交流电时，在整个气隙圆周的弧度上将产生 p 个周期的旋转磁场(其中 p 为电机极对数)，也就是在 2π 的空间角度对应了 $p \cdot 2\pi$ 的电角度。而对于弧形直线感应电机，从 2.2 节的直线感应电机的形成过程中可以看出，弧形直线感应电机是将原有的整圆定子展开成为某一角度(记为 θ)的圆弧。因此，此时在 θ 的空间角度上对应了 $p \cdot 2\pi$ 的电角度，从而导致弧形直线感应电机的同步机械角速度与旋转电机有所不同，即

$$n_s = \frac{60f}{p} \cdot \frac{\theta}{2\pi} \tag{2.26}$$

其中，f 为电源频率；θ 为弧形直线感应电机定子所占的空间角度。

由于直线感应电机存在着上述的特殊性，因此，当考虑其控制问题时，就不能直接采用旋转感应电机的方程，而需要进行修正。具体的修正过程在第 3 章进行讨论。

2.3　多直线感应电机驱动仿真与实验

从 2.2 节的讨论可以看出，多个弧形直线感应电机能够形成驱动转子转动的转矩。本节从仿真和实验角度对其进行进一步讨论。

2.3.1　多直线感应电机系统驱动的有限元仿真

在 Ansoft/Maxwell 软件中建立如图 2-13 所示的有限元模型，对其进行仿真和计算。由于电机系统的对称结构，因此建立系统的四分之一有限元模型，即位于 $-45°\sim45°$ 的部分。这部分包含了 $x+$ 方向上的定子以及四分之一的转子。定子铁芯所占的空间角度为 $-30.8°\sim30.8°$ 的部分，即铁芯所占圆心角为 61.6°。定子极数 $2p=4$，定子两侧采用半填充槽，总槽数 29。在求解区域的上下边缘的边界施加主从边界条件，内外边界施加狄利克雷边界条件。

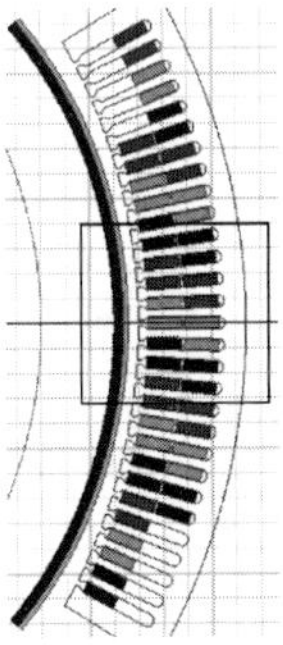

(a) 整体模型图

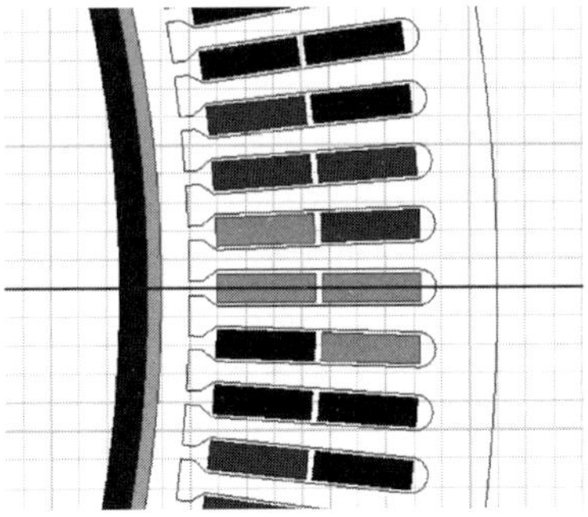

(b) 局部模型图

图 2-13　多直线感应电机系统有限元模型

图 2-14 给出了有限元计算的网格图。

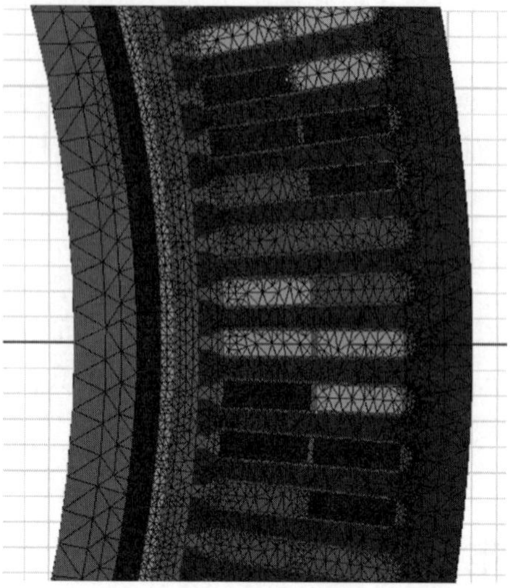

图 2-14 弧形直线感应电机网格图

首先对电机进行涡流场仿真。图 2-15～图 2-18 给出了涡流场仿真的结果。其中图 2-15 给出了磁力线分布；图 2-16 给出了全部计算区域中磁感应强度 **B** 的幅值分布云图；图 2-17 给出了转子中的电流密度分布；图 2-18 则给出了气隙中磁感应强度径向分量 B_r 的分布。

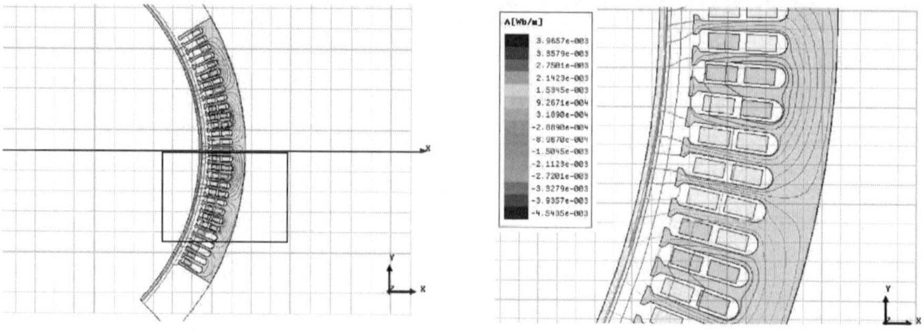

(a) 整体视图　　(b) 局部放大图

图 2-15 磁力线分布图

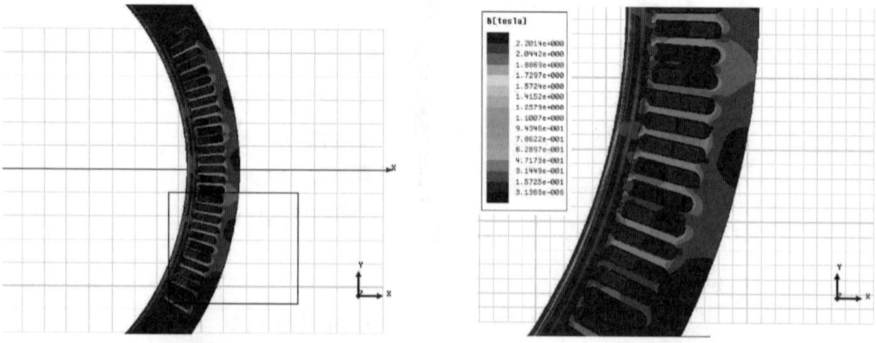

(a) 整体视图　　(b) 局部放大图

图 2-16 磁感应强度的幅值分布云图

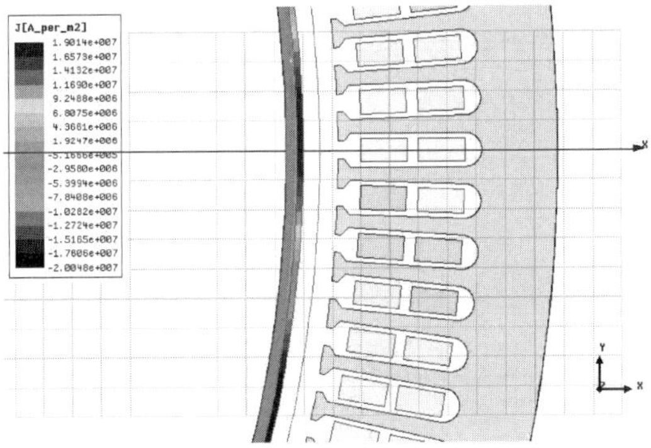

图 2-17 转子中的电流密度分布

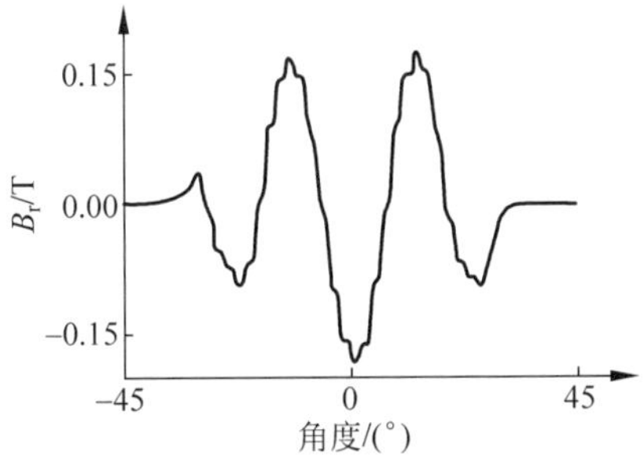

图 2-18 气隙中的磁感应强度径向分量 B_r 的分布图

从上面的涡流场仿真结果可以看出，当弧形直线感应电机中通入三相交流电时，在气隙中将会形成类周期分布的行波磁场；这个行波磁场的波形在定子铁芯中部接近于旋转电机的旋转磁场，而在靠近定子铁芯边缘时将产生畸变，当超出定子铁芯的范围时，气隙磁场会逐渐减小为零。这个行波磁场在次级导体中会感应出感应电流，感应电流与行波磁场的作用将产生驱动转子转动的电磁力。

接下来采用瞬态仿真来模拟电机起动和运转过程。电机建模设置与涡流场仿真基本相同，在 Ansoft/Maxwell Circuit Editor 中建立三相对称电压源作为激励源，相电压 220V，频率 100Hz。这样就可以得到瞬态仿真结果如图 2-19 和图 2-20 所示。其中，图 2-19(a)给出了转子速度曲线，可以看出，大约经过 0.4s 后转子基本进入稳态；但是在图 2-20 中可以看到，进入稳态后，尽管电源电压是三相对称的，但是绕组中的电流却是三相不对称的。

同时，根据式(2.26)以及定子尺寸可以知道，此时的同步转速为

$$n_s=\frac{60f}{p}\cdot\frac{\theta}{2\pi}=\frac{60\times 100}{2}\cdot\frac{61.6}{360}\approx 513(\text{r/min}) \tag{2.27}$$

而实际转速 $n\approx 410\text{r/min}$，因此转差率为 $s=(n_s-n)/n_s\approx 0.2$。

变换不同的参数(如电源电压幅值、频率等)，所得到的仿真结果与图 2-15～图 2-20 中结果的具体数值或磁场分布细节有所不同，但相应波形或磁场分布趋势都是类似的。因此，从上面的仿真结果可以看出，4 个直线感应电机能够形成合适的转矩，驱动转子稳定转动。

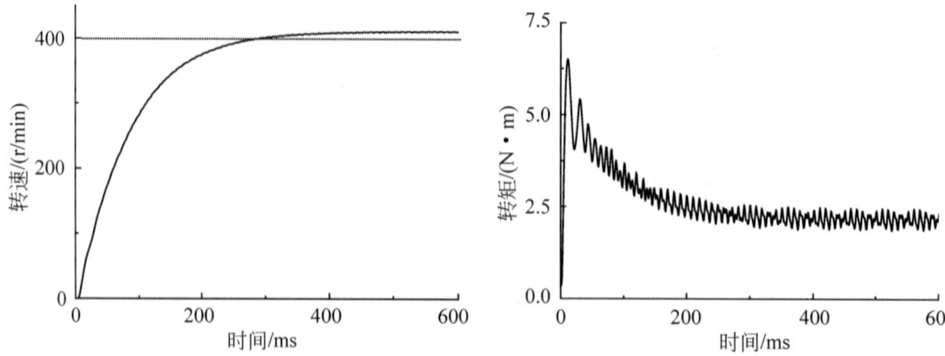

(a) 速度　　　　(b) 转矩

图 2-19　转速和转矩曲线

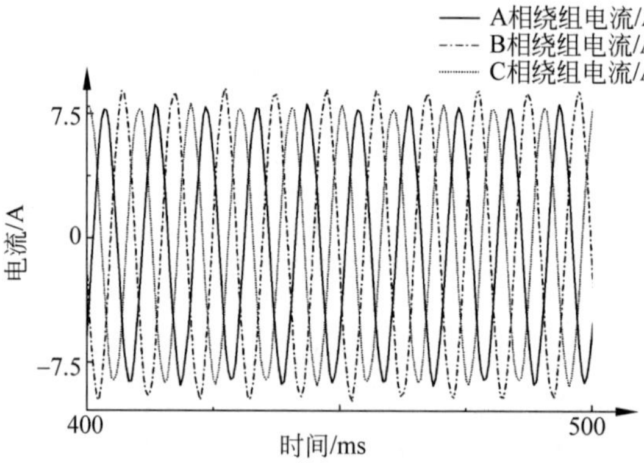

图 2-20　三相电流曲线

2.3.2　多直线感应电机系统的驱动实验

本书按照下面的参数设计了弧形直线感应电机的样机：电机定子绕组采用双层绕组形式，定子采用硅钢片叠片而成，共 4 组互相独立的弧形定子铁芯及定子绕组，每个弧形定子铁芯所占空间角度为 61.6°，4 个铁芯空间上按 90°间隔均匀排列。每个弧形直线感应电机为 4 极，3 相供电，电源频率 100Hz，极距 $\tau=47$mm，槽数 29，每极每相槽数 2，节距 5，两侧采用半填充槽形式，导体数 100，槽满率 67%。电机定子以及定子槽的具体几何参数如图 2-21 所示。

电机公共转子采用分层结构，外层材料为铝，作为导电层，内层材料为铁，用以改善电机磁路。电机气隙为 7mm，转子外径为 420mm，内径为 414mm，其中铝板厚度为 1mm，铁板厚度为 2mm。

按照图 2-21 的设计尺寸，作者设计并委托加工了弧形直线感应电机定子铁芯和转子以及其他零部件，搭建成如图 2-22 所示多直线感应电机驱动实验台，以其为基础进行直线感应电机的驱动实验。

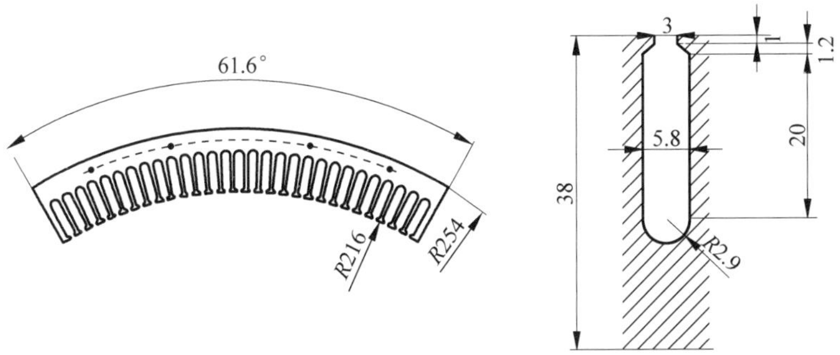

(a) 定子铁芯设计图　　(b) 定子槽型设计图 (单位：mm)

图 2-21　弧形直线感应电机定子以及定子槽的具体几何参数

图 2-22　多直线感应电机驱动实验台

每台电机采用变频器分别供电。分别测量在不同频率下电机的稳态转速，结果如表 2-1 所示。

表 2-1　不同供电频率下的转子稳态机械转速

频率/Hz	转速/(r/min)	转　差　率
100	413	0.195
160	634	0.228
200	811	0.21
240	953	0.226

从上面的实验结果可以看出，多弧形直线感应电机能够产生旋转力矩，从而实现驱动转子旋转的功能。实验结果还表明，多直线感应电机驱动时的转差率略大于普通旋转感应电机。这一方面是由于直线感应电机端部效应的影响；另一方面是由于弧形直线感应电机的气隙远大于一般旋转感应电机。

2.4 本章小结

本章提出了竖直转子定位控制系统的整体结构，对主要组成部分的功能做了简要介绍，并研究了共用转子的多弧形直线感应电机驱动问题。首先讨论了定位控制系统各个环节的数学模型，包括控制对象（竖直转子）、执行器（弧形直线感应电机）以及其他环节（传感器等）。建模问题的重点是以刚体力学原理为基础详细讨论了竖直转子的动力学描述。在适当的假设条件下，竖直转子的数学模型可以用一个5阶非线性微分方程来表示。考虑不确定性时，转子的模型将会变得更加复杂。接下来，本章重点研究了共用转子的多弧形直线感应电机的驱动问题，分析了共用转子的多弧形直线感应电机的驱动机理及其特殊性，通过基于电磁场理论有限元仿真研究表明，弧形直线感应电机能够实现转子的驱动功能。最后设计了弧形直线感应电机驱动实验装置，并对其驱动功能进行了实验研究。

第 3 章
弧形直线感应电机不均匀气隙磁场分析

3.1 问题的提出

前面提出了多弧形直线感应电机构成无轴承电机的基本结构。这种结构在控制电机转子位置时，不可避免地，中心的次级转子会经常处于偏心状态。与平板型直线电机不同，弧形直线电机一旦偏心，其气隙将会变得不再均匀。对于不均匀的气隙，如果仍然沿用均匀气隙基础上得到的气隙磁场公式等结论设计电机的控制算法，可能会使定位控制的法向力产生较大偏差，从而影响定位控制效果。但是，通过有限元计算等基于“场”观点的气隙磁场计算方法固然能够较为准确地得到气隙磁场等参数，但考虑到有限元计算的复杂度，对于电机控制算法设计来说，从“场”的观点得到的结果，难以满足控制的实时性要求。

为了解决这个矛盾，针对具有不均匀气隙的弧形直线电机，就需要找出一个相对简单同时又具有一定准确度的气隙磁场解析公式：一方面，这个解析公式足够简单，以便适应弧形直线电机的实时解耦控制的速度要求；另一方面，这个解析公式有具有一定的精确度，能够在气隙不均匀时较为准确地得出气隙磁密分布情况。

3.2 气隙不均匀时的磁场解析公式

前面图 1-7 给出了多直线感应电机构成的无轴承电机基本结构的俯视图。显然，无轴承电机在运行时，转子可能会偏离定子圆心。在这种情况下，气隙磁场将不是一个常数，而是随着气隙不同位置的宽度不同而有一个分布。为了简化问题，本书在推导气隙磁场公式时，做出如下假设：①忽略直线电机三相绕组电感的不对称性；②直线电机初级绕组以行波电流层等效；③只讨论基频分量。

3.2.1　均匀气隙的弧形直线感应电机气隙磁感应强度分布

本书所讨论的弧形直线感应电机采用半填充槽形式，在初级铁芯前后两端的数个槽内导体数只有铁芯中部的一半，示意图如图 3-1 所示(图中每极每相槽数为示意)。

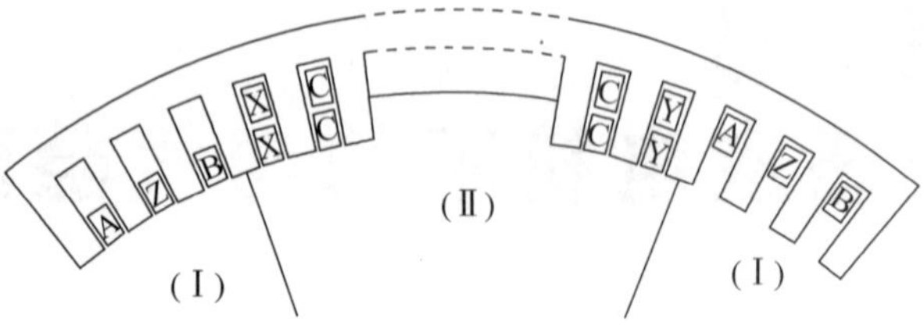

图 3-1　半填充槽初级示意图

根据行波电流层理论[79]，初级不同区域的行波电流也是不同的。在初级前后两端的半填充槽范围内，即图 3-1 中的区域(Ⅰ)，行波电流可以用复数表示为

$$\boldsymbol{J}_1^{(\mathrm{I})}=\frac{\boldsymbol{J}_0}{2}\mathrm{e}^{\mathrm{j}\left(\omega_1 t-\frac{\gamma}{\tau}R_s\pi\right)} \tag{3.1}$$

而在初级中部的全填充槽范围内，即图 3-1 中的区域(Ⅱ)，行波电流为

$$\boldsymbol{J}_1^{(\mathrm{II})}=\boldsymbol{J}_0\mathrm{e}^{\mathrm{j}\left(\omega_1 t-\frac{\gamma}{\tau}R_s\pi\right)} \tag{3.2}$$

在式(3.1)和式(3.2)中

$$\boldsymbol{J}_0=\frac{\sqrt{2}m_1Q_1k_{w1}}{p\tau}I_1$$

为行波电流层的电流面密度；j 为虚数单位；ω_1 为同步角频率；m_1 为相数；Q_1 为初级绕组每级每相串联匝数；k_{w1} 为初级绕组系数；p 为极对数；τ 为极距；I_1 为初级相电流有效值。

在均匀气隙的情况下，根据安培环路定理，可以得出气隙磁感应强度满足[79]：

$$\frac{\delta'}{\mu_0}\frac{\partial^2 B_r}{\partial\gamma^2}-\sigma_s\omega R_s\frac{\partial B_r}{\partial t}=\frac{\partial J_1}{\partial\gamma} \tag{3.3}$$

其中，$\delta'=W_c\delta$ 为等效气隙，W_c 为卡氏系数；μ_0 为真空磁导率；B_r 为气隙磁感应强度；γ 为机械角；σ_s 为次级表面电导率；J_1 为次级电流。J_1 根据 γ 所处的区域如式(3.1)和式(3.2)所示。

可以解得各个区域内的气隙磁感应强度为

$$\begin{cases}B_r^{(\mathrm{I})}=\dfrac{1}{2}\cdot\dfrac{\mathrm{j}\pi J_0\mathrm{e}^{\mathrm{j}\left(\omega_1 t-\frac{\gamma}{\tau}R_s\pi\right)}}{\delta'\pi^2/\mu_0\tau+\mathrm{j}s\omega_1\tau\sigma_s}\\[2ex] B_r^{(\mathrm{II})}=\dfrac{\mathrm{j}\pi J_0\mathrm{e}^{\mathrm{j}\left(\omega_1 t-\frac{\gamma}{\tau}R_s\pi\right)}}{\delta'\pi^2/\mu_0\tau+\mathrm{j}s\omega_1\tau\sigma_s}\end{cases} \tag{3.4}$$

其中 $s=(\omega_1-\omega)/\omega_1$ 为电机滑差。这就是一般直线感应电机气隙磁感应强度的分布公式。

式(3.4)中，分子表示初级励磁电流的励磁磁动势，分母的第一项表示气隙磁阻的作用，分母第二项则表示次级感应电流的作用。这就是均匀气隙时的气隙磁感应强度解析表达式。

3.2.2 不均匀气隙的表达式

弧形直线感应电机在运行时，尤其在用作无轴承电机时[83,84]，次级转子的偏心是必须面对的问题。一旦次级偏心，气隙就变得不均匀。从式(3.4)的气隙磁感应强度分布表达式各项意义可以看出，如果气隙不均匀，将会影响分母的第一项，即气隙磁阻的作用。此时，式(3.4)中的等效气隙 δ' 将不再是常数，必须对其进行改进。为此，必须首先得到次级转子偏心时气隙宽度的表达式。

弧形直线感应电机次级转子偏心的示意图如图 3-2 所示。设初级铁芯内径为 R_s，次级转子外径为 R_r；以弧形初级铁芯的圆心 O 为原点，铁芯中心线为极轴建立极坐标系；O' 为次级转子的圆心，设其坐标为 $\zeta_{O'}:(e,\alpha)$，其中 $e=\overline{OO'}$ 称为偏心距，$\alpha=\angle O'OX$ 称为偏心角；A 为次级外沿上任意一点。

显然，对于转子外沿上的任一点 A，该点所对应的偏心气隙为

$$\delta_A = R_s - \rho_A \tag{3.5}$$

另一方面，点 A 相对于次级转子圆心 O' 的坐标为 $\zeta'_A:(R_r,\gamma')$，则 A 相对于 O 的坐标可以表示为

$$\begin{cases}\rho_A = \sqrt{e^2 + R_r^2 + 2eR_r\cos(\alpha-\gamma')} \\ \gamma_A = \arctan\dfrac{e\sin\alpha + R_r\sin\gamma'}{e\cos\alpha + R_r\cos\gamma'}\end{cases} \tag{3.6}$$

考虑到转子偏心与电机尺寸相比非常小，即 $e \ll R_r$，因此，式(3.6)可以近似简化为

$$\begin{cases}\rho_A \approx R_r + e\cos(\alpha-\gamma') \\ \gamma_A \approx \gamma'\end{cases} \tag{3.7}$$

由于 $\gamma_A \approx \gamma'$，因此在本书接下来的叙述中将不再区分，统一以 γ 表示。

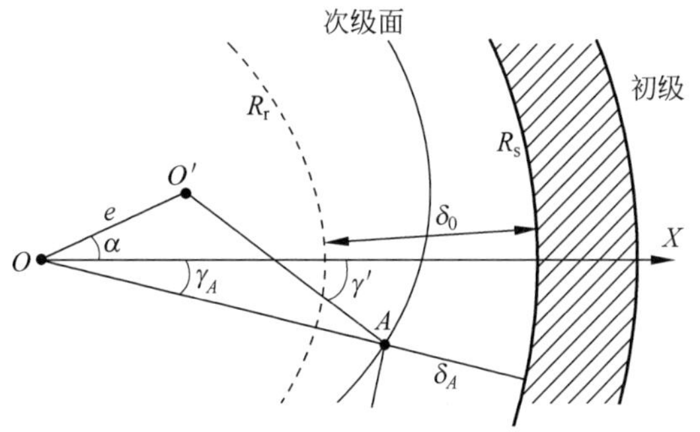

图 3-2 弧形直线感应电机偏心示意图

将式(3.7)代入式(3.5)，得

$$\delta_A(e,\alpha) = \delta_0 - e\cos(\alpha-\gamma) \tag{3.8}$$

其中 $\delta_0 = R_s - R_r$，表示次级转子不偏心时的气隙。式(3.8)即为偏心弧形直线感应电机气隙的表达式。引入参数**偏心率** ζ，定义为

$$\zeta = \frac{e}{\delta_0}$$

则式(3.8)可以重写为

$$\delta_A(e,\alpha) = \delta_0[1 - \zeta\cos(\alpha - \gamma)] \tag{3.9}$$

式(3.9)即为次级转子偏心时,转子表面任意位置的气隙宽度表达式。将式(3.9)替换式(3.4)中的均匀气隙,可以得到

$$\begin{cases} B_r^{(\mathrm{I})} = \dfrac{1}{2}\dfrac{\mathrm{j}\pi\mu_0\tau J_1 \mathrm{e}^{\mathrm{j}\left(\omega_1 t - \frac{\gamma}{\tau}R_s\pi\right)}}{W_c\delta_0[1 - \zeta\cos(\alpha - \gamma)]\pi^2 + \mathrm{j}s\omega_1\mu_0\tau^2\sigma_s} \\ B_r^{(\mathrm{II})} = \dfrac{\mathrm{j}\pi\mu_0\tau J_1 \mathrm{e}^{\mathrm{j}\left(\omega_1 t - \frac{\gamma}{\tau}R_s\pi\right)}}{W_c\delta_0[1 - \zeta\cos(\alpha - \gamma)]\pi^2 + \mathrm{j}s\omega_1\mu_0\tau^2\sigma_s} \end{cases} \tag{3.10}$$

式(3.10)即为考虑气隙不均匀时的气隙磁感应强度分布公式。从式(3.10)可以看出,随着气隙的增大,气隙磁密会减小,而相应的直线电机的电磁力也就会随之减小。

3.3 不均匀气隙时的气隙磁场仿真

3.3.1 2D 有限元建模

在 Ansoft/Maxwell 中建立偏心的弧形直线感应电机的 2D 有限元仿真模型,分别如图 3-3 所示,图中黑、深灰、浅灰分别表示 A、B、C 三相绕组。初级槽型尺寸如图 3-3(b)所示,电机结构参数如表 3-1 所示,激励设置为每线圈电流 100 安匝。气隙 $\delta_0 = R_s - R_r = 15\text{mm}$。次级为分层结构,导电层为铝,厚度为 1mm;导磁层为铁,厚度为 2mm。

表 3-1 初级和次级尺寸

项目	尺寸	单位
初级内径 R_s	110	mm
次级内径 R_r	95	mm
初级轴向长度	50	mm
次级轴向长度	100	mm
初级圆心角	61.6	°
槽数	29	—
极距	5	槽

为了验证不同的偏心条件下本书解析方法的有效性,在有限元计算时,分别建立多个有限元模型,这些模型的定转子尺寸均相等,只有气隙不同,从而计算出不同偏心条件下的气隙磁密分布。在各种不同的最小气隙下,电机次级受到的电磁力如表 3-2 所示。从表 3-2 可以看出,直线电机力特性,无论是法向力还是切向力,其变化趋势与理论分析大体一致。

表 3-2 直线感应电机力特性

最小气隙/mm	2	5	8	11	14
法向电磁力/N	229.7	59.8	21.9	9.11	3.99
切向电磁力/N	63.5	15.6	5.61	2.34	1.06

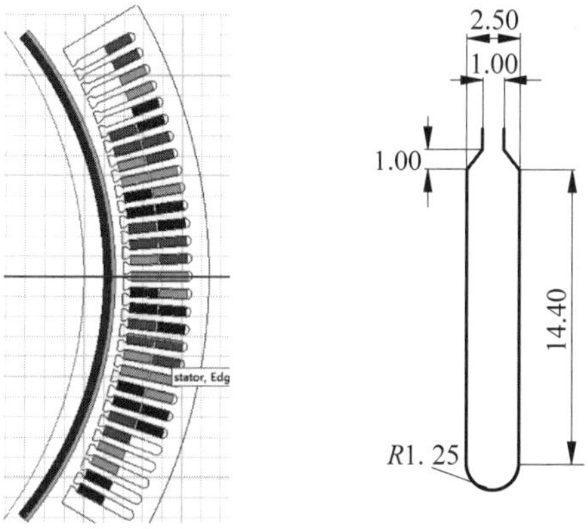

(a) 整体模型　　(b) 槽型尺寸(单位:mm)

图 3-3 不均匀气隙弧形直线感应电机 2D 有限元计算模型

3.3.2 3D 有限元建模

不均匀气隙的 3D 有限元模型如图 3-4 所示。根据有限元计算结果，横向气隙磁密分布如图 3-5 所示。从图中可以看出，由于次级横向宽度大于初级，在初级铁芯的宽度范围内，气隙磁场基本没有衰减，横向端部效应的作用不明显。因此，在本书接下来的研究中，将不考虑横向端部效应。

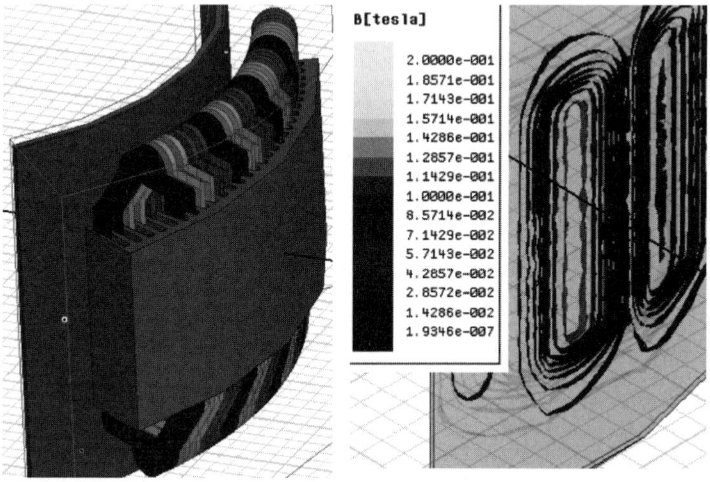

图 3-4 不均匀气隙的 3D 有限元模型

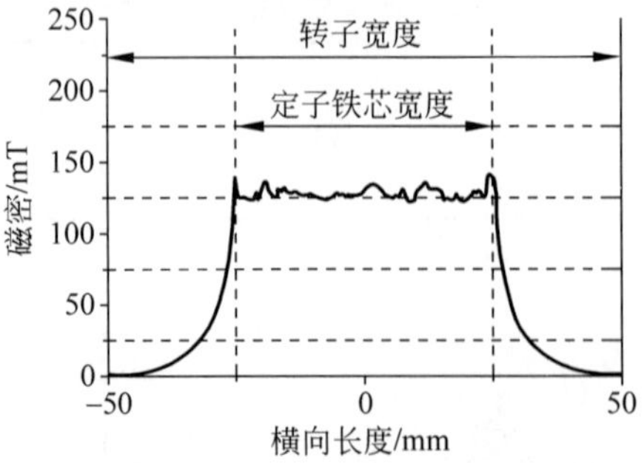

图 3-5 横向气隙磁密分布

3.4 解析与有限元计算结果对比

3.4.1 涡流场结果对比

首先对比涡流场时的解析和有限元结果。在 Ansoft/Maxwell 中将求解类型设置维涡流场,求解频率设置为 50Hz,即滑差 $s=1$。将 $s=1$ 代入式(3.10),得到解析计算结果,将其与有限元结果进行对比。

1. 对称不均匀气隙

当 $\alpha=0$ 时,气隙在初级中心处最小,两侧逐渐对称增大,称为**对称不均匀气隙**。图 3-6 给出了不同偏心度下对称不均匀气隙时的气隙磁感应强度分布曲线,其中实线为有限元计算的结果,虚线为根据式(3.10)计算的结果,点画线为基于均匀气隙的直线感应电机模型式(3.4)计算结果。

从图 3-6 可以看出,对于气隙不均匀的直线感应电机,随着 γ 增大,电机气隙逐渐增大,磁密幅值随之减小,图 3-6 中虚线的解析计算结果较为清晰地反映了这种分布。尤其是当偏心率 ζ 较大时(见图 3-6(a)～图 3-6(c)),基于式(3.10)的气隙磁感应强度分布曲线明显比按照均匀气隙所计算出的更加接近有限元计算的结果。然而,当偏心率 ζ 为 50%左右时,式(3.10)和式(3.4)的结果则相差逐渐减小。

为了更加定量地表征不同公式与有限元之间差距的大小,引入平均相对误差 D 为

$$D \overset{\text{def}}{=} \frac{1}{n}\sum_{k=1}^{n}\left(\frac{B_{\text{FEM}}^{(k)}-B_{\text{ANA}}^{(k)}}{\max(B_{\text{FEM}})}\right)^2 \times 100\% \tag{3.11}$$

其中,$B_{\text{FEM}}^{(k)}$ 表示第 k 点有限元计算的结果值;$B_{\text{ANA}}^{(k)}$ 表示相应点的解析计算结果值;$\max(B_{\text{FEM}})$表示有限元计算结果在整个气隙弧长上出现的最大值。我们以 D 来表征解析算法结果与有限元结果相对误差的大小。

将有限元和依据不同模型的解析计算的结果值代入式(3.11),得到对称不均匀气隙的相对误差如表 3-3 所示。

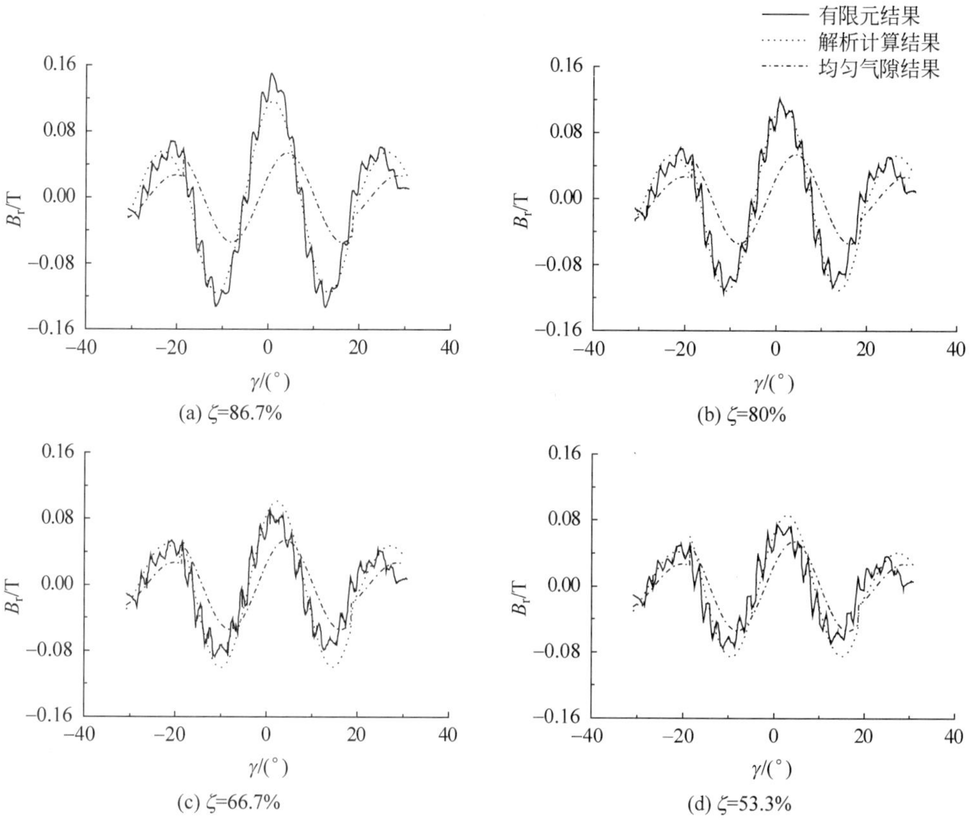

图 3-6 不同偏心度下对称不均匀气隙时的气隙磁感应强度分布曲线

表 3-3 对称不均匀气隙的相对误差

最小气隙 δ_{min}/mm	偏心率 ζ/%	误差 D/%	
		式(3.10)模型	式(3.4)模型
2	86.7	1.43	14.61
3	80	1.40	13.26
5	66.7	4.14	12.34
7	53.3	7.30	13.51
10	33.3	9.62	14.99

从表 3-3 可以看出，当偏心率较大时(≥80%)，基于不均匀气隙模型的磁感应强度解析计算的误差要明显小于均匀气隙模型，误差减小了约 90%。随着最小气隙增大，偏心度降低，两种解析计算结果的误差差距逐渐缩小，但平均误差仍减小了 30%～60%。

上面比较了不同偏心率 ζ 下，式(3.4)和式(3.10)两种解析模型所计算出的气隙磁感应强度分布误差。从中可以看到，虽然无论在不同的偏心率下，基于不均匀气隙的模型(式(3.10))误差都明显小于基于均匀气隙的模型(式(3.4))，但当偏心率 ζ 减小时，式(3.10)的误差也出现了明显增大。分析其原因在于，在初级铁芯对应的弧长范围内，偏心率只能反映次级转子偏离轴心位置的程度，并不能反映气隙的不均匀程度。因此需要引入一个新的变量气隙的**不均匀度 ξ**，以最小气隙和最大气隙的比值来表征。

在对称不均匀情况下，气隙不均匀度与偏心率之间的关系如图 3-7 所示。从图 3-7 中可以看出，当最小气隙 $\delta_{min}=10$mm 时，尽管偏心率 ζ 仍高达 33.3%，但此时，气隙的不均匀度 ξ 已经降至 6.58%。因此，可以认为，当 $\delta_{min}\geqslant 10$mm 时，气隙已基本均匀，此时，较宽的气隙带来的漏磁增大影响逐渐显著，因此磁场解析计算结果误差逐渐增大。这也符合表 3-3 的结果。

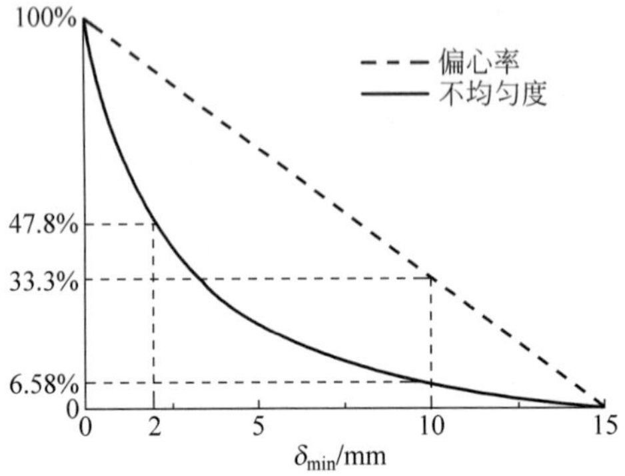

图 3-7 气隙不均匀度和偏心率之间的关系($\alpha=0$)

2. 非对称不均匀气隙磁场计算结果对比

前面讨论了 $\alpha=0$ 情况下的磁场解析计算结果与有限元结果的对比。一般情况下，$\alpha\neq 0$，此时，最小气隙并不出现在初级铁芯轴线处，称为非对称不均匀气隙（如图 3-2 所示的 $\alpha\neq 0$ 的情形）。

同样可以用式(3.10)对气隙磁场进行计算，得到如表 3-4 所示的结果。从表中数据可以看出，对于非对称不均匀气隙，式(3.10)的计算结果趋势与对称气隙基本相同。随着偏心率的降低，误差有所增大，但与表 3-3 中的基于均匀气隙的误差相比，误差仍明显减小。这说明，式(3.10)的气隙磁感应强度的解析计算公式能够较为准确地计算弧形直线感应电机次级转子偏心而造成气隙不均匀时的气隙磁场。但是，在转子偏心率减小时，误差又一定增大。

表 3-4 非对称不均匀气隙解析结果的相对误差

最小气隙 δ_{min}/mm	偏心率 ζ/%	误差 D/%		
		偏角 $\alpha=5°$	偏角 $\alpha=10°$	偏角 $\alpha=20°$
2	86.7	1.33	1.30	1.51
3	80	1.33	1.31	1.51
5	66.7	4.16	4.19	4.34
7	53.3	7.38	7.45	7.59
10	33.3	9.68	9.75	9.87

3.4.2 瞬态场结果对比

在弧形直线感应电机运行时，由于动态纵向端部效应的影响，气隙磁场分布还会受到电机速度（滑差）的影响。此时，需要基于瞬态场的有限元计算才能准确反映气隙磁场分布。因此，这里采用不同转速下的瞬态场结果与式(3.10)的磁密解析公式进行对比。

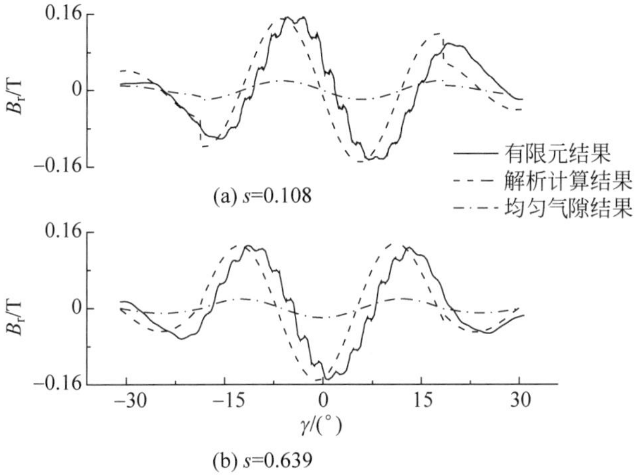

图 3-8 解析与瞬态场有限元结果波形对比

在瞬态场求解中，通过 Ansoft/Maxwell Circuit Editor 将激励源设置为外置三相对称电源，求解时长选取 0.1s，步长 0.001s，其余设置与 2.1 节相同，对最小气隙 $\delta_{\min}=2\text{mm}$，即偏心率 $\zeta=86.7\%$时电机起动过程进行瞬态仿真。

从图 3-8 可以看出，在电机瞬态过程中，按照均匀气隙所计算出的气隙磁密分布，与有限元结果相差非常大；而按照本书所提出的偏心情况的不均匀气隙磁感应强度解析计算公式（式(3.10)），无论是在电机低速($s=0.639$)还是高速($s=0.108$)的情况下，磁场分布情况与有限元计算结果接近程度明显改善。这说明，本书所提出的磁场解析计算方法对瞬态过程也是有效的。当然，从图 3-8 的结果也能看出，式(3.10)的解析结果与有限元结果仍然存在一个较为明显的“相位”偏差。3.5 节将讨论如何修正这一偏差。

3.5 解析公式的改进

前面对比了转子偏心时，解析方法与涡流场和瞬态场有限元仿真结果的对比。在涡流场结果对比中，与不考虑偏心的结果相比，本书所提出的气隙磁感应强度公式(3.10)能够较好地符合有限元计算的结果，误差很小。但当气隙不均匀度逐渐减小时，误差虽仍小于均匀气隙模型计算结果，但也有明显增大。在瞬态场结果对比中，解析方法计算的磁密分布波形和幅值与有限元计算结果接近，但存在一个相位差。因此，从工程应用的角度出发，为了进一步提升解析计算准确度，减小误差，需要对式(3.10)进行一定的改进。

3.5.1 改进的思路和方法

观察图 3-8 可以看出，当气隙不均匀度逐渐减小时，式(3.10)计算结果的波形与有限元计算结果基本一致，但存在一个明显的相移，该相移随着气隙不均匀度(或次级偏心率)的减小而增大。因此，从工程应用的角度考虑，可考虑在式(3.10)中附加一个修正系数，以减小解析计算误差。

这个修正系数应该满足：(1)不改变解析计算结果幅值；(2)能够修正解析计算结果的相位，且 ξ 较大时的相位修正趋向于零，随着 ξ 的减小，相位修正逐渐增大。

基于上述两点，考虑如下的相位修正

$$B_{\mathrm{rc}} = \mathrm{e}^{\mathrm{j}\left[\kappa\frac{(1-\zeta)(1-\xi)}{\tau}R_{\mathrm{s}}\pi\right]} \tag{3.12}$$

其中 κ 为一个无量纲的系数，其余符号含义同前。

3.5.2 涡流场改进效果对比

取 $\kappa=2.4$，经过式(3.12)修正后，解析结果的相对误差如图 3-9 所示。从图 3-9 中可以看出，经过相位修正后，无论 α 为何种角度，式(3.12)都能够有效减小 ξ 较低时的解析结果的相对误差；同时，原先 ξ 较高时的相对误差基本不变。与修正前相比，$\alpha=0°,5°,10°,20°$ 的情况下，平均误差分别又减小了 22.3%、22.6%、19.2%和 22.1%，这就大大提升了本书方法的实用度。

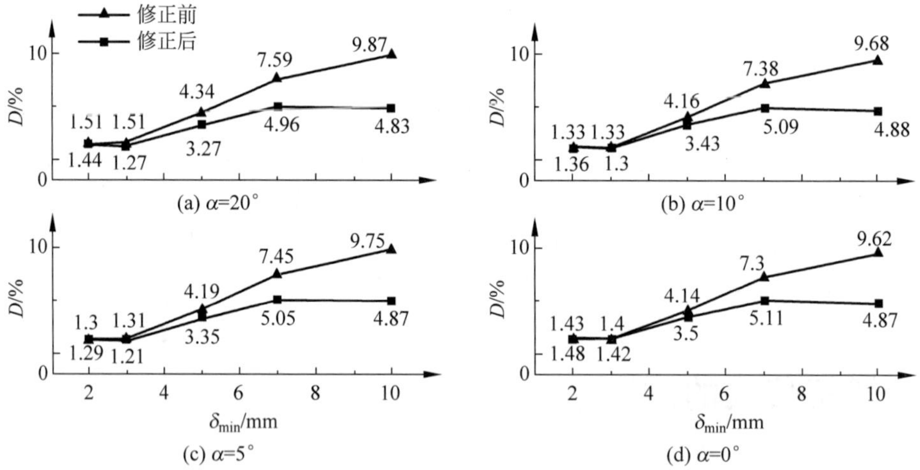

图 3-9 修正前后磁感应强度解析计算结果相对误差对比

3.5.3 瞬态场改进效果对比

将瞬态过程中不同的滑差 s 代入式(3.10)，可以得到如图 3-10 所示的修正后的气隙磁密分布图。对比图 3-10 和图 3-8 可以看出，经过修正，解析计算结果与有限元计算结果更加接近。表 3-5 则给出了更多不同滑差下电机偏心时瞬态过程中的气隙磁场解析结果的相对误差，从表中可以看出，在瞬态过程中，修正前的偏心条件下气隙磁密解析计算结果误差为 10%左右，比均匀气隙降低 50%以上，而修正后，按照式(3.12)的磁密计算公式得到的结果误差缩小到 1%左右。因此，式(3.12)所提出的偏心气隙磁密公式对于瞬态场也是适用的。

表 3-5 瞬态场有限元仿真不同滑差磁场计算相对误差

滑差 s	均匀气隙误差 D/%	解析方法误差 D/%(修正前)	解析方法误差 D/%(修正后)
0.108	21.43	9.26	1.81
0.148	19.67	7.58	0.43
0.230	19.09	7.53	0.42
0.311	25.26	10.19	0.55
0.440	18.49	7.78	0.42
0.591	23.01	10.72	1.23
0.639	24.52	11.15	0.64

需要指出，从图 3-10 中可以看出，当 γ 绝对值较大，即，靠近直线电机定子绕组前后两端时，气隙磁密的解析计算误差有较为明显的增大。这是因为，直线电机定子两端采用半填充槽，解析计算公式处理为分段函数，当计算范围进入定子两端半填充区域(即 γ 绝对值较大的两端部分)时，按照解析方法计算会有磁密突变，但实际磁密是连续变化的，从而误差增大。

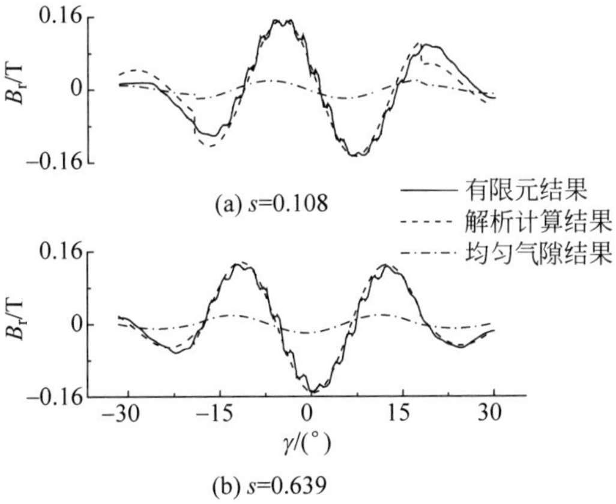

图 3-10 解析与瞬态场有限元结果波形对比(修正后)

3.6 本章小结

本章针对弧形直线感应电机转子偏心所带来的气隙不均匀问题，考虑了直线感应电机的半填充槽特性，提出了一种计算气隙磁感应强度的解析方法，并将该方法分别与涡流场和瞬态场的有限元计算所得到的结果进行了对比。最后，本章提出了一种修正方法，能够有效降低气隙较大时的磁场计算误差，进一步提升了本章方法的工程应用前景。结果表明，本章提出的这种解析计算方法对于气隙磁场的计算准确度明显高于基于传统的均匀气隙模型的方法：

(1) 对涡流场情况，平均误差降低了60%以上；修正后，误差进一步降低了20%。

(2) 对瞬态场情况，平均误差降低50%以上；修正后，误差进一步降低超过90%。

本章所提出的不均匀气隙磁场解析公式，其目的是为了在进行竖直无轴承电机定位控制时，实时进行弧形直线感应电机的解耦与控制。在保证了一定准确度的前提下又足够简单，这为基于弧形直线感应电机的无轴承电机实时定位控制算法的研究，奠定了重要基础。

第4章 直线感应电机的法向力和切向力解耦

在第2章中我们提到，共用转子的多弧形直线感应电机是驱动转子转动和控制转子位置的执行器。通过其间的切向力来驱动转子转动，通过定子与转子之间的法向力来控制转子位置。第3章我们对共用转子的多弧形直线感应电机的驱动机理进行了研究。理论分析、仿真和实验研究表明，本书提出的多直线感应电机系统可以实现驱动转子转动的功能。但是尚未涉及如何提供合适的法向力以达到控制竖直转子位置的定位要求。实际上，为了通过改变法向力来实现定位控制这一功能，必须要首先实现每个直线感应电机法向力与切向力的解耦，即每个直线感应电机的法向力变化时，其切向力不受影响。这样才能确保分别调整各个电机的法向力来满足控制要求，而各个切向力的合力矩能够让转子保持相对稳定的转动。但是，这种解耦与传统的旋转感应电机中的解耦有所不同。在传统的旋转感应电机的控制中，解耦通常指的是输出转矩与气隙磁通之间的解耦，这个解耦过程可以通过dq变换直接实现。然而，在本章的分析中我们会发现，直线感应电机的法向力和切向力与系统状态之间，即使经过dq变换，仍然呈现非线性的耦合关系。在这种情况下，如何实现这种非线性的解耦，是本章要讨论的重点。

本章首先在4.1节给出直线感应电机的状态方程，并讨论了在考虑端部效应情况下对电机状态方程的修正；接下来4.2节提出针对法向力和切向力稳态效应的解耦算法；最后在4.3节对解耦效果进行仿真。

4.1 单个直线感应电机的数学模型

第3章从“场”的观点出发，采用有限元方法计算了直线感应电机的磁场分布和电磁力等物理量。但是，当考虑到电机解耦控制问题时，场的观点所采用的方法就过于复杂，无法满足控制所要求的实时性。因此，需要研究以“路”的观点所建立的直线电机的数学模型。

4.1.1 不考虑端部效应时的电机状态方程

第 2 章曾经讨论过直线感应电机的端部效应。端部效应的存在会使得电机方程更为复杂。为了便于讨论,在本节中先忽略直线感应电机的端部效应来建立直线感应电机的状态方程。在不考虑端部效应时,每个直线感应电机可以视为一个普通感应电机。根据电机学理论,弧形直线感应电机的电压方程和磁链方程分别为[85,86]

$$\begin{bmatrix} \boldsymbol{u}_{\mathrm{s}} \\ \boldsymbol{u}_{\mathrm{r}} \end{bmatrix} = \begin{bmatrix} \boldsymbol{R}_{\mathrm{s}} & \boldsymbol{O} \\ \boldsymbol{O} & \boldsymbol{R}_{\mathrm{s}} \end{bmatrix} \begin{bmatrix} \boldsymbol{i}_{\mathrm{s}} \\ \boldsymbol{i}_{\mathrm{r}} \end{bmatrix} + \begin{bmatrix} \boldsymbol{L}_{\mathrm{s}} & \boldsymbol{M}_{\mathrm{sr}} \\ \boldsymbol{M}_{\mathrm{rs}} & \boldsymbol{L}_{\mathrm{r}} \end{bmatrix} \begin{bmatrix} \dot{\boldsymbol{i}}_{\mathrm{s}} \\ \dot{\boldsymbol{i}}_{\mathrm{r}} \end{bmatrix} \tag{4.1}$$

$$\begin{bmatrix} \boldsymbol{\Psi}_{\mathrm{s}} \\ \boldsymbol{\Psi}_{\mathrm{r}} \end{bmatrix} = \begin{bmatrix} \boldsymbol{L}_{\mathrm{s}} & \boldsymbol{M}_{\mathrm{sr}} \\ \boldsymbol{M}_{\mathrm{rs}} & \boldsymbol{L}_{\mathrm{r}} \end{bmatrix} \begin{bmatrix} \boldsymbol{i}_{\mathrm{s}} \\ \boldsymbol{i}_{\mathrm{r}} \end{bmatrix} \tag{4.2}$$

其中 $\boldsymbol{u}_{\mathrm{s}}$,$\boldsymbol{u}_{\mathrm{r}}$ 为定、转子的电压向量;$\boldsymbol{i}_{\mathrm{s}}$,$\boldsymbol{i}_{\mathrm{r}}$ 为定、转子电流向量;$\boldsymbol{\Psi}_{\mathrm{s}}$,$\boldsymbol{\Psi}_{\mathrm{r}}$ 为定、转子磁链向量,即

$$\boldsymbol{u}_{\mathrm{s}} = \begin{bmatrix} u_A \\ u_B \\ u_C \end{bmatrix}, \quad \boldsymbol{u}_{\mathrm{r}} = \begin{bmatrix} u_a \\ u_b \\ u_c \end{bmatrix}$$

$$\boldsymbol{i}_{\mathrm{s}} = \begin{bmatrix} i_A \\ i_B \\ i_C \end{bmatrix}, \quad \boldsymbol{i}_{\mathrm{r}} = \begin{bmatrix} i_a \\ i_b \\ i_c \end{bmatrix}$$

$$\boldsymbol{\Psi}_{\mathrm{s}} = \begin{bmatrix} \psi_A \\ \psi_B \\ \psi_C \end{bmatrix}, \quad \boldsymbol{\Psi}_{\mathrm{r}} = \begin{bmatrix} \psi_a \\ \psi_b \\ \psi_c \end{bmatrix}$$

而 $\boldsymbol{L}_{\mathrm{s}}$,$\boldsymbol{L}_{\mathrm{r}}$ 为定、转子自感矩阵;$\boldsymbol{M}_{\mathrm{sr}}$,$\boldsymbol{M}_{\mathrm{rs}}$ 分别为转子对定子和定子对转子的互感矩阵,即

$$\boldsymbol{L}_{\mathrm{s}} = \begin{bmatrix} L_{\mathrm{ss}} & -M_{\mathrm{s}} & -M_{\mathrm{s}} \\ -M_{\mathrm{s}} & L_{\mathrm{ss}} & -M_{\mathrm{s}} \\ -M_{\mathrm{s}} & -M_{\mathrm{s}} & L_{\mathrm{ss}} \end{bmatrix}, \quad \boldsymbol{L}_{\mathrm{r}} = \begin{bmatrix} L_{\mathrm{rr}} & -M_{\mathrm{r}} & -M_{\mathrm{r}} \\ -M_{\mathrm{r}} & L_{\mathrm{rr}} & -M_{\mathrm{r}} \\ -M_{\mathrm{r}} & -M_{\mathrm{r}} & L_{\mathrm{rr}} \end{bmatrix} \tag{4.3}$$

$$\boldsymbol{M}_{\mathrm{sr}} = \boldsymbol{M}_{\mathrm{sr}} \begin{bmatrix} \cos\theta & \cos(\theta+120^\circ) & \cos(\theta-120^\circ) \\ \cos(\theta-120^\circ) & \cos\theta & \cos(\theta+120^\circ) \\ \cos(\theta+120^\circ) & \cos(\theta-120^\circ) & \cos\theta \end{bmatrix}, \quad \boldsymbol{M}_{\mathrm{rs}} = \boldsymbol{M}_{\mathrm{sr}}^{\mathrm{T}} \tag{4.4}$$

对式(4.1)和式(4.2)进行矢量变换,将其转换到转子磁场定向的 MT 坐标系中,则电机的电压方程和磁链方程可以写成

$$\begin{cases} V_{\mathrm{sm}} = R_{\mathrm{s}} i_{\mathrm{sm}} + L_{\mathrm{s}} \dot{i}_{\mathrm{sm}} - \omega_1 L_{\mathrm{s}} i_{\mathrm{st}} + L_{\mathrm{m}} \dot{i}_{\mathrm{rm}} - \omega_1 L_{\mathrm{m}} i_{\mathrm{st}} \\ V_{\mathrm{st}} = \omega_1 L_{\mathrm{s}} i_{\mathrm{sm}} + R_{\mathrm{s}} i_{\mathrm{st}} + L_{\mathrm{s}} \dot{i}_{\mathrm{st}} + \omega_1 s L_{\mathrm{m}} i_{\mathrm{rm}} + L_{\mathrm{m}} \dot{i}_{\mathrm{rt}} \\ 0 = L_{\mathrm{m}} \dot{i}_{\mathrm{sm}} + R_{\mathrm{r}} i_{\mathrm{rm}} + L_{\mathrm{r}} \dot{i}_{\mathrm{rm}} \\ 0 = \omega_{\mathrm{s}} L_{\mathrm{m}} i_{\mathrm{sm}} + \omega_{\mathrm{s}} L_{\mathrm{r}} i_{\mathrm{rm}} + R_{\mathrm{r}} i_{\mathrm{rt}} \end{cases} \tag{4.5}$$

$$\begin{cases}\Psi_r=L_m i_{sm}+L_r i_{rm}\\ 0=L_m i_{st}+L_r i_{rt}\end{cases}\tag{4.6}$$

其中 Ψ_r 为转子磁通；i_{sm},i_{st} 分别为定子 M、T 轴电流；i_{rm},i_{rt} 分别为转子 M、T 轴电流；R_s 为定子电阻；R_r 为转子阻抗；L_s 为定子自感；L_r 为转子自感；L_m 为互感；V_{sm} 为 M 轴电压；V_{st} 为 T 轴电压；ω_1 为电机同步角速度；ω_s 为滑差角速度。对直线感应电机来说，$\omega_1=\pi v_1/\tau_p$，v_1 为直线感应电机同步线速度，τ_p 为极距；若直线感应电机次级速度为 v，则有 $\omega_s=\pi(v_1-v)/\tau_p$。

接下来将式(4.5)、式(4.6)写成状态方程形式。首先，从式(4.6)可得

$$\begin{cases}i_{rm}=\dfrac{1}{L_r}\Psi_r-\dfrac{L_m}{L_r}i_{sm}\\ i_{rt}=-\dfrac{L_m}{L_r}i_{st}\end{cases}\tag{4.7}$$

将其代入式(4.5)的第三行，取 $T_r=L_r/R_r$，可得

$$\dot{\Psi}_r=-\frac{1}{T_r}\Psi_r+\frac{L_m}{T_r}i_{sm}\tag{4.8}$$

将式(4.7)和式(4.8)代入式(4.5)的第一行，可得

$$L_rV_{sm}=\left(R_sL_r+\frac{L_m^2}{T_r}\right)i_{sm}+(L_sL_r-L_m^2)\dot{i}_{sm}-\omega_1(L_sL_r-L_m^2)i_{st}-\frac{L_m}{T_r}\Psi_r$$

取 $\sigma=1-L_m^2/(L_sL_r)$，$1/T_0=R_s/(\sigma L_s)+(1-\sigma)/(\sigma T_r)$，则上式经过整理可得

$$\dot{i}_{sm}=\frac{L_m}{\sigma L_sL_rT_r}\Psi_r-\frac{1}{T_0}i_{sm}+\omega_1 i_{st}+\frac{1}{\sigma L_s}V_{sm}\tag{4.9}$$

考虑到 $\omega_1=\pi v_1/\tau_p$，上式可以写成

$$\dot{i}_{sm}=\frac{L_m}{\sigma L_sL_rT_r}\Psi_r-\frac{1}{T_0}i_{sm}+\frac{\pi}{\tau_p}v_1 i_{st}+\frac{1}{\sigma L_s}V_{sm}\tag{4.10}$$

同样，将式(4.7)代入(4.5)的第二行，可得

$$\dot{i}_{st}=-\frac{L_m}{\sigma L_sL_rT_r}\omega\Psi_r-\omega_1 i_{sm}-\frac{1}{T_0}i_{st}+\frac{1}{\sigma L_s}V_{st}\tag{4.11}$$

考虑到 $\omega_1=\pi v_1/\tau_p$，$\omega_s=\pi(v_1-v)/\tau_p$，则上式可以写成

$$\dot{i}_{st}=-\frac{L_m\pi}{\sigma L_sL_rT_r\tau_p}v\Psi_r-\frac{\pi}{\tau_p}v_1 i_{sm}-\frac{1}{T_0}i_{st}+\frac{1}{\sigma L_s}V_{st}\tag{4.12}$$

综合式(4.8)、式(4.10)和式(4.12)，可以得到直线感应电机的电磁状态方程为

$$\begin{bmatrix}\dot{\Psi}_r\\ \dot{i}_{sm}\\ \dot{i}_{st}\end{bmatrix}=\begin{bmatrix}-\dfrac{1}{T_r} & \dfrac{L_m}{T_r} & 0\\ \dfrac{L_m}{\sigma L_sL_rT_r} & -\dfrac{1}{T_0} & \dfrac{\pi}{\tau_p}v_1\\ -\dfrac{L_m\pi}{\sigma L_sL_r\tau_p}v & -\dfrac{\pi}{\tau_p}v_1 & -\dfrac{1}{T_0}\end{bmatrix}\begin{bmatrix}\Psi_r\\ i_{sm}\\ i_{st}\end{bmatrix}+\begin{bmatrix}0 & 0\\ \dfrac{1}{\sigma L_s} & 0\\ 0 & \dfrac{1}{\sigma L_s}\end{bmatrix}\begin{bmatrix}V_{sm}\\ V_{st}\end{bmatrix}\tag{4.13}$$

其中，$T_r=L_r/R_r$ 为转子电磁时间常数，$\sigma=1-L_m^2/(L_sL_r)$ 为漏磁系数，$1/T_0=$

$R_s/(\sigma L_s)+(1-\sigma)/(\sigma T_r)$。

而根据虚功原理，直线感应电机的法向力和切向力在转子磁场定向坐标系中的方程分别为

$$F_n=\frac{3PL_m}{8L_r g}i_{sm}\Psi_r \tag{4.14}$$

$$F_t=\frac{3PL_m\pi}{2L_r\tau_p}i_{st}\Psi_r \tag{4.15}$$

其中 g 为电机气隙宽度，其余符号含义如前所述。

电机的运动方程为

$$\dot{v}=\frac{F_t-k_v v-f}{m} \tag{4.16}$$

其中，m 为次极质量；k_v 为速度阻尼系数；f 为固定阻尼。

式(4.13)和式(4.16)就组成了不考虑端部效应时的直线感应电机的状态方程。

4.1.2 端部效应的影响分析

第2章中简单描述了直线感应电机中所存在的纵向和横向端部效应。现在来分析在本书所研究的具体应用环境中各种端部效应所带来的影响。

1. 静态纵向端部效应

文献表明[79]，第一类端部效应所产生的脉振磁场与电机极数有关，当极数较多时，第一类纵向端部效应将会随着极对数 p 的增加而减小。当初级极数较多，这种端部效应就可以忽略[87]。本书所研究的直线感应电机极数为4，静态纵向端部效应的影响已经很小，为了简化研究，在后面的讨论中均忽略静态纵向端部效应的影响。

2. 横向端部效应

在第2章阐述横向端部效应的时候曾经提到过，当次级横向宽度远大于初级横向宽度时，横向端部效应的影响也是可以忽略的。而本书所研究的共用转子的多弧形直线感应电机结构中，次级的横向宽度远远大于初级横向宽度，因此也可以忽略横向端部效应的影响。

3. 动态纵向端部效应

动态纵向端部效应是由电机铁芯开断以及相对运动而产生的，它与电机的初级长度和线速度相关。动态纵向端部效应的影响通常通过如下的系数 $f(Q)$ 来表征：

$$f(Q)=\frac{1-e^{-Q}}{Q} \tag{4.17}$$

其中 Q 为一个无量纲的参数，其计算公式为

$$Q=\frac{DR_r}{(L_m+L_r)v} \tag{4.18}$$

D 为次级长度，其余参数意义如上所述。可以看出，首先，Q 与直线感应电机次级速度 v 成

反比，当 v 为常数时，Q 也为常数，则 $f(Q)$ 亦为常数。可见在电机稳态情况下，直线感应电机和旋转感应电机的等效电路没有本质区别。其次，Q 很大时，$f(Q)$ 趋于零，而次级长度 D 越大，则 Q 越大，$f(Q)$ 越小，动态纵向端部效应的影响就越小。

根据以上讨论，得到考虑动态纵向端部效应的直线感应电机的 dq 等效电路如图 4-1 所示。

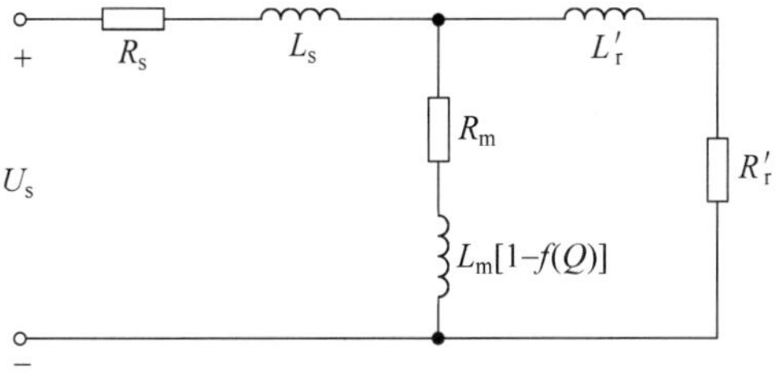

图 4-1 动态考虑端部效应的直线感应电机的 dq 等效电路

与传统感应电机所不同的就是，互感 L_m 不再是常数，而是一个与电机速度 v 相关的量。在此条件下，前面的电机状态方程式(4.13)将变为

$$\begin{bmatrix} \dot{\Psi}_r \\ \dot{i}_{sm} \\ \dot{i}_{st} \end{bmatrix} = \begin{bmatrix} -\dfrac{1}{T_r} & \dfrac{L_m[1-f(Q)]}{T_r} & 0 \\ \dfrac{L_m[1-f(Q)]}{\sigma L_s L_r T_r} & -\dfrac{1}{T_0} & \dfrac{\pi}{\tau_p}v_1 \\ -\dfrac{L_m[1-f(Q)]\pi}{\sigma L_s L_r \tau_p}v & -\dfrac{\pi}{\tau_p}v_1 & -\dfrac{1}{T_0} \end{bmatrix} \begin{bmatrix} \Psi_r \\ i_{sm} \\ i_{st} \end{bmatrix} + \begin{bmatrix} 0 & 0 \\ \dfrac{1}{\sigma L_s} & 0 \\ 0 & \dfrac{1}{\sigma L_s} \end{bmatrix} \begin{bmatrix} V_{sm} \\ V_{st} \end{bmatrix} \tag{4.19}$$

取 $\hat{L}_m = L_m[1-f(Q)]$，相应地，$\sigma = 1-\hat{L}_m^2/(L_s L_r)$。此时，式(4.19)从形式上和式(4.13)是相同的。值得指出的是，当电机速度变化不大时，$1-f(Q)$ 可以近似认为是一个常数，在这种情况下，仍然可以采用式(4.13)来分析电机的动力学特性，这就给电机解耦控制带来了方便。

4.2 法向力与切向力的解耦算法

从式(4.14)和式(4.15)可以看出，直线感应电机的法向力正比于 M 轴电流 i_{sm} 和磁通 Ψ_r 的乘积，而切向力正比于 T 轴电流 i_{st} 和磁通 Ψ_r 的乘积。由于电机的两个力 F_n、F_t 与电机状态变量 i_{sm}、i_{st}、Ψ_r 之间呈现非线性耦合关系，因此，采用传统的线性系统的解耦控制策略很难实现 F_n 和 F_t 的解耦。这就使得当我们试图通过调节法向力 F_n 来控制转子位置时，次极速度 v 即转子的转动速度将会受影响。这无法满足定位系统的运行要求。

但是，我们注意到，F_t 对转子转速的影响由式(4.16)来确定。如果能够实现法向力 F_n 和切向力 F_t 的静态解耦，并使得法向力变化时，切向力的动态过程持续时间足够短，就能使得法向力变化时，电机转速基本不受影响。这也就是基于电机“稳态性能”的解耦控制。

因此，本书基于电机稳态性能的考虑，提出如下的解耦控制策略。

1. 电机稳态工作点的确定

由于正常情况下电机漏磁系数 σ 接近于 0,因此 $1/T_0 \gg 1$。将 $\hat{L}_m = L_m[1-f(Q)]$代入式(4.19),在稳态情况下,忽略式(4.19)中关于 v_1 的两项,则式(4.19)可以写成

$$\begin{bmatrix} \dot{\Psi}_r \\ \dot{i}_{sm} \\ \dot{i}_{st} \end{bmatrix} = \begin{bmatrix} -\dfrac{1}{T_r} & \dfrac{\hat{L}_m}{T_r} & 0 \\ \dfrac{\hat{L}_m}{\sigma L_s L_r T_r} & -\dfrac{1}{T_0} & 0 \\ -\dfrac{\hat{L}_m \pi}{\sigma L_s L_r \tau_p} v & 0 & -\dfrac{1}{T_0} \end{bmatrix} \begin{bmatrix} \Psi_r \\ i_{sm} \\ i_{st} \end{bmatrix} + \begin{bmatrix} 0 & 0 \\ \dfrac{1}{\sigma L_s} & 0 \\ 0 & \dfrac{1}{\sigma L_s} \end{bmatrix} \begin{bmatrix} V_{sm} \\ V_{st} \end{bmatrix} \tag{4.20}$$

在稳态时,电机各个状态量的导数为零。那么,首先根据式(4.16)的第一行可以得出磁链和 M 轴电流的稳态值之间满足

$$\Psi_{r0} = \hat{L}_m i_{sm0}$$

接下来,将上式代入式(4.20)的第二行,同时取 $\dot{i}_{sm}=0$,可得

$$0 = \left(\frac{\hat{L}_m^2}{\sigma L_s L_r T_r} - \frac{1}{T_0}\right) i_{sm0} + \frac{1}{\sigma L_s} V_{sm0} \tag{4.21}$$

将 $\sigma = 1 - \hat{L}_m^2/(L_s L_r)$,$1/T_0 = R_s/(\sigma L_s) + (1-\sigma)/(\sigma T_r)$ 代入式(4.21),可得 M 轴电流稳态值为

$$i_{sm0} = \frac{V_{sm0}}{R_s} \tag{4.22}$$

从而磁链 Ψ_r 和 M 轴电流 i_{sm} 的稳态值为

$$\begin{cases} \Psi_{r0} = \dfrac{\hat{L}_m}{R_s} V_{sm0} \\ i_{sm0} = \dfrac{V_{sm0}}{R_s} \end{cases} \tag{4.23}$$

接下来,采用同样的步骤,令式(4.20)的第三行左边为零,并将式(4.23)代入,可以得到

$$0 = -\frac{\hat{L}_m^2 \pi v_0}{\sigma L_s L_r \tau_p R_s} V_{sm0} - \frac{1}{T_0} i_{st0} + \frac{1}{\sigma L_s} V_{st0} \tag{4.24}$$

从而得

$$i_{st0} = T_0 \left(\frac{1}{\sigma L_s} V_{st0} - \frac{L_m^2 \pi v_0}{\sigma L_s L_r \tau_p R_s} V_{sm0} \right) \tag{4.25}$$

将式(4.23)、式(4.25)分别代入式(4.14)、式(4.15),可得法向力和切向力的稳态值分别为

$$\begin{cases} F_{n0} = \dfrac{3P\hat{L}_m^2}{8L_r R_s g} V_{sm0}^2 \\ F_{t0} = \dfrac{3P\hat{L}_m^2 \pi}{2L_r \tau_p R_s} T_0 \left(\dfrac{1}{\sigma L_s} V_{st0} - \dfrac{\hat{L}_m^2 \pi v_0}{\sigma L_s L_r \tau_p R_s} V_{sm0} \right) V_{sm0} \end{cases} \tag{4.26}$$

令

$$U_{st0} = \left(\frac{1}{\sigma L_s} V_{st0} - \frac{\hat{L}_m^2 \pi v_0}{\sigma L_s L_r \tau_p R_s} V_{sm0} \right) V_{sm0} \tag{4.27}$$

则式(4.26)可以写成

$$\begin{cases} F_{n0} = \dfrac{3PL_m^2}{8L_r R_s g} V_{sm0}^2 \\ F_{t0} = \dfrac{3PL_m^2 \pi}{2L_r \tau_p R_s} T_0 U_{st0} \end{cases} \tag{4.28}$$

这样就实现了法向力和切向力稳态值的解耦。式(4.23)～式(4.28)中各量的下标加“0”表示其各自对应的稳态值。

2. 基于 PI 控制的电机解耦

接下来，考虑一般非稳态情况，即式(4.23)、式(4.25)左边的各量的稳态值变为动态值Ψ_r、i_{sm}、i_{st}。此时式(4.23)、式(4.25)、式(4.28)一般不成立。但是可以使用 PI 控制算法，根据法向力控制要求来调整V_{sm}，根据速度要求来调整U_{st}，从而使得电机状态量Ψ_r、i_{sm}、i_{st}逐渐趋向稳态工作点，即经过动态调整，最终满足式(4.23)和式(4.25)。在调整过程中将式(4.23)和式(4.25)等号的右边用相应的 PI 算子代替，并将式(4.27)代入，得

$$\begin{cases} \Psi_r = \dfrac{\hat{L}_m}{R_s} V_{sm}(F_n) \\ i_{sm} = \dfrac{V_{sm}(F_n)}{R_s} \\ i_{st} = T_0 \dfrac{U_{st}(F_t)}{V_{sm}(F_n)} \end{cases} \tag{4.29}$$

其中，$V_{sm}(F_n)$、$U_{st}(F_t)$分别是关于F_n、F_t的 PI 控制算子，则直线感应电机的控制电压分别为

$$V_{sm}(F_n) = \sqrt{\frac{8L_r g R_s}{3P\hat{L}_m^2} \left(K_{PF}(F_{nr} - F_n) + K_{IF} \int (F_{nr} - F_n)\,dt \right)}$$

$$U_{st}(F_t) = F_{tr} \frac{1}{T_0} \frac{2L_r R_s \tau_p}{3P\hat{L}_m^2 \pi}, \quad F_{tr} = K_{Pv}(v_r - v) + K_{Iv} \int (v_r - v)\,dt$$

其中，F_{nr}为法向力参考信号；F_{tr}为切向力参考信号；v_r为速度参考信号。

从式(4.29)可得法向力和切向力分别为

$$F_{\mathrm{n}}=\frac{3P\hat{L}_{\mathrm{m}}^{2}}{8L_{\mathrm{r}}R_{\mathrm{s}}g}V_{\mathrm{sm}}^{2}(F_{\mathrm{n}}), \quad F_{\mathrm{t}}=\frac{3P\hat{L}_{\mathrm{m}}^{2}\pi}{2L_{\mathrm{r}}\tau_{p}R_{\mathrm{s}}}T_{0}U_{\mathrm{st}}(F_{\mathrm{t}}) \tag{4.30}$$

从上式可以看出,法向力将只由 $V_{\mathrm{sm}}(F_{\mathrm{n}})$ 决定,而切向力则只由 $U_{\mathrm{st}}(F_{\mathrm{t}})$ 决定。这样就实现了法向力和切向力的解耦。此时,M 轴和 T 轴的控制电压分别为

$$\begin{cases}V_{\mathrm{sm}}=V_{\mathrm{sm0}}(F_{\mathrm{n}})\\ V_{\mathrm{st}}=\dfrac{\sigma L_{\mathrm{s}}U_{\mathrm{st}}(F_{\mathrm{t}})}{V_{\mathrm{sm}}(F_{\mathrm{n}})}+\dfrac{\hat{L}_{\mathrm{m}}^{2}\pi v_{\mathrm{r}}}{L_{\mathrm{r}}\tau_{p}R_{\mathrm{s}}}V_{\mathrm{sm}}(F_{\mathrm{n}})\end{cases} \tag{4.31}$$

式(4.29)~式(4.31)所给出的解耦控制算法,从本质上来说属于静态解耦算法,是针对直线感应电机法向力和切向力的静态解耦,能够满足稳态时作用在转子上的法向力和切向力互不影响的效果。不过,采用 PI 算子,可以将其近似推广到动态情况。严格地说,这种方法并没有实现动态过程中两个力的实时解耦,但是,只要在动态过程中,法向力变化所带来的切向力变化的冲量矩足够小,就能够使得动态过程中法向力的变化对转子转动的影响足够小,从而在近似条件下可以认为法向力对转子转动没有影响,也就实现了转子定位的法向力与转子转动之间的解耦。

4.3 节我们将通过仿真来验证:在法向力变化的过程中,切向力动态过程的冲量变化足够小,对次级速度的影响是基本可以忽略的。

4.3 直线感应电机法向力与切向力解耦仿真

4.2 节所提出的解耦算法忽略了电机状态方程中含有同步速 v_1 的两项,同时,算法本身也是针对稳态情形的法向力和切向力得到的。因此,这种算法对于动态过程中法向力和切向力的解耦是否有效(尤其是法向力的变化是否会影响转子转速这个问题),仍然是需要研究的。本节将通过仿真来考察这一问题。

仿真所采用的直线感应电机的参数如表 4-1 所示。

表 4-1 仿真所采用的直线感应电机的参数

参　数	数　值
L_{m}/H	0.005 61
L_{s}/H	0.006 104
L_{r}/H	0.006 104
R_{s}/Ω	3.83
R_{r}/Ω	3
p	2
τ_{p}/m	0.047
m/kg	5
k_{v}	0.2
f/N	2

在这组参数下,在 MATLAB 环境中建立起式(4.13)、式(4.16)、式(4.29)所确定的直

线感应电机法向力和切向力解耦控制系统的模型,令法向力信号在系统运行过程中产生一个阶跃,即

$$F_{nr}=\begin{cases}50\mathrm{N} & t\leqslant 10\mathrm{s}\\ 100\mathrm{N} & t>10\mathrm{s}\end{cases} \tag{4.32}$$

可得切向力、法向力以及速度曲线,如图 4-2(a)所示,而次级速度的响应曲线如图 4-2(b)所示。从图中可以看出,在电机的加速过程中,切向力较大,以提供足够的转矩来使转子加速;当速度进入稳态后,切向力迅速降低到一个比较小的数值,以维持转子恒速转动。法向力的初始参考信号 $F_{nr}=50$N,实际的法向力在 $t=0$ 时刻有一个很大的跳动,然后渐近地趋近于50N。当 $t=10$s 时,法向力参考信号 F_{nr} 由 50N 跃升至 100N,法向力则在此时可产生一个突变,这正是 P(比例)控制产生的效果,由于 I(积分)控制的结果,使得法向力逐渐趋近于100N。而切向力在此时刻只会产生一个很小的尖峰脉冲,然后迅速回到原来的稳态值。从次级速度的曲线来看,转子速度几乎没有受到影响。

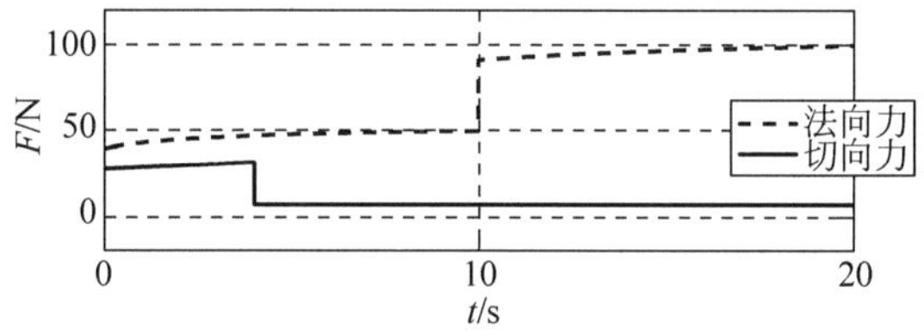

(a) 法向力和切向力

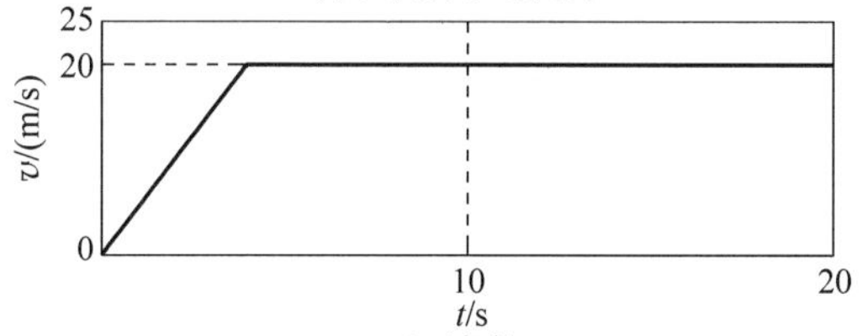

(b) 速度

图 4-2 直线感应电机响应曲线

从仿真结果可以看出,在法向力变化时,由于切向力的波动较小且持续时间很短,次级速度基本不受法向力变化的影响。由此可见,这种解耦算法能够有效实现法向力与切向力的解耦,使得法向力的变化不影响次级速度。

实现了直线感应电机的法向力和切向力解耦,就可以保证在不影响转子转动的基础上,研究多个直线电机如何产生合适的法向力以实现竖直转子的定位功能。因此,后续章节将集中研究竖直转子的定位控制算法。第 5 章我们将开始讨论作用在转子上的法向力应该满足何种规律的问题。

4.4 本章小结

本章主要讨论直线感应电机法向力和切向力解耦控制的问题。直线感应电机作为转子定位控制系统的执行器,一方面通过切向力来提供转子旋转所需的力矩;另一方面通过法向力来实现转子定位的要求。只有实现了切向力和法向力的解耦,才能在不影响转子转动

的前提下，调节施加于转子上的各个方向的法向力，实现转子定位的控制要求。因此，在考虑直线感应电机端部效应对电机状态方程修正的基础上，本章提出了一种基于稳态性能的切向力和法向力解耦控制策略，使得在这种控制策略的作用下，感应电机法向力的调节对切向力的影响很小，从而基本不影响转子的转动速度。通过仿真验证表明，在法向力突变的动态过程中，解耦控制算法可以使得切向力的冲量很小，对转子的转动影响基本可以忽略。这就为竖直转子定位控制系统的实现奠定了可靠的基础。

第 5 章 基于陀螺效应的竖直转子定位控制算法

第 2 章建立了竖直转子的状态方程。这个状态方程是一个非线性的微分方程,并且状态变量之间存在着耦合。为了设计控制系统,本章首先需要对系统的动力学特性进行分析。对于底端固定的自转转子,其运动受到陀螺效应的影响。在陀螺效应作用下,转子的运动具有不同于平动物体的特殊规律。在低速条件下,转子的陀螺效应较弱,使得仅仅依靠转子自身旋转很难维持稳定的转动。但是,在低速时陀螺效应仍然存在,因此在设计控制器时必须考虑陀螺效应的影响。本章以陀螺效应的原理为基础,来研究转子的定位控制策略。在 5.1 节分析第 2 章建立的转子状态方程的动力学特性; 5.2 节分析经典控制方法的局限性,并提出基于陀螺效应的转子定位控制算法; 5.3 节对定位控制算法进行仿真。

5.1 竖直转子的动力学特性分析

式(2.18)所确定的系统状态方程是一个具有耦合的高阶非线性微分方程,对其进行全面分析需要给出外加控制力矩的解析表达式。首先要考察的是,未加控制力矩时竖直转子的运动情况,即考虑在自由状态下,当转子只受重力作用时的动力学特性。当了解了自由状态下转子的动力学特性,就可以在此基础上研究竖直转子的定位控制策略。

当竖直转子处于自由状态时,控制力矩 $M_{xc}=M_{yc}=M_{zc}=0$。在此条件下,自转角速度 ω_z 的导数为零,即重力对转子的自转角速度没有影响。在这种情况下,式(2.18)中的 x_5 是一个常数,定义转子角动量为 $L\overset{\text{def}}{=}J_z\omega_z$,同时,定义 $M_0\overset{\text{def}}{=}PC$,则式(2.18)可降阶为一个 4 阶微分方程,即

$$\begin{cases}\dot{x}_1=\dfrac{x_3}{\sin x_2}\\ \dot{x}_2=x_4\\ \dot{x}_3=\dfrac{M_0}{J_{xy}}\sin x_1\cos x_2-\dfrac{L}{J_{xy}}x_4+x_4x_5\tan x_2\\ \dot{x}_4=\dfrac{M_0}{J_{xy}}\sin x_2+\dfrac{L}{J_{xy}}x_3-x_3^2\tan x_2\end{cases} \tag{5.1}$$

将式(5.1)表示为紧凑形式,即

$$\dot{\boldsymbol{x}}=\boldsymbol{f}(\boldsymbol{x}) \tag{5.2}$$

其中 $\boldsymbol{x}=[x_1 \quad x_2 \quad x_3 \quad x_4]^{\mathrm{T}}$。

显然,$\boldsymbol{f}(\boldsymbol{0})=\boldsymbol{0}$,可以求出,此时系统平衡点为原点。此时,式(5.2)在原点的雅可比矩阵为

$$\mathbf{A}=\frac{\partial \boldsymbol{f}}{\partial \boldsymbol{x}}\bigg|_{\boldsymbol{x}=\boldsymbol{0}}=\begin{bmatrix}0&0&1&0\\0&0&0&1\\\dfrac{M_0}{J_{xy}}&0&0&-\dfrac{L}{J_{xy}}\\0&\dfrac{M_0}{J_{xy}}&\dfrac{L}{J_{xy}}&0\end{bmatrix} \tag{5.3}$$

式(5.2)在平衡点(即原点)处的线性化系统的状态方程为

$$\dot{\boldsymbol{x}}=\mathbf{A}\boldsymbol{x} \tag{5.4}$$

其中 $\boldsymbol{x}=[x_1 \quad x_2 \quad x_3 \quad x_4]^{\mathrm{T}}$。

式(5.4)的特征多项式为

$$\lambda(s)=s^4+\frac{L^2-2M_0J_{xy}}{J_{xy}^2}s^2+\frac{M_0^2}{J_{xy}^2} \tag{5.5}$$

可以解出,式(5.5)的特征根满足

$$s^2=\frac{-(L^2-2M_0J_{xy})\pm L\sqrt{L^2-4M_0J_{xy}}}{2J_{xy}^2} \tag{5.6}$$

在上式中,M_0 和 J_{xy} 皆为与转子质量以及几何尺寸有关的常数,因此,式(5.5)的特征根在复平面的分布完全由转子角动量 L 的大小来决定,具体分布如图 5-1 所示,接下来分别进行讨论。

(1) $L=0$。

$L=0$ 相当于转子不转的情况,在这种情况下,特征根 s 满足

$$s^2=\frac{M_0}{J_{xy}} \tag{5.7}$$

显然,特征根的二次方是一个正实数,因此,特征根分布在实轴的正负两端上,均为重根,即如图 5-1 中(a)所示。在这种情况下,一对重特征根位于左半平面,另一对重特征根位于右半平面。显然,此时的系统是不稳定的。

(2) $0<L^2<2M_0J_{xy}$。

此时,有

$$-(L^2-2M_0J_{xy})>0,\quad L^2-4M_0J_{xy}<0 \tag{5.8}$$

则 s^2 是一对实部大于零的共轭复数，可知特征根在复平面上关于原点对称分布，4 个特征根分别位于复平面上复角为 0°～45°、135°～180°、180°～225°和 315°～360°的区域内，即图 5-1 中阴影部分的 4 个扇形区域(b)(不包括实轴)。在这种情况下，两个特征根位于左半平面，另两个特征根位于右半平面，系统不稳定。

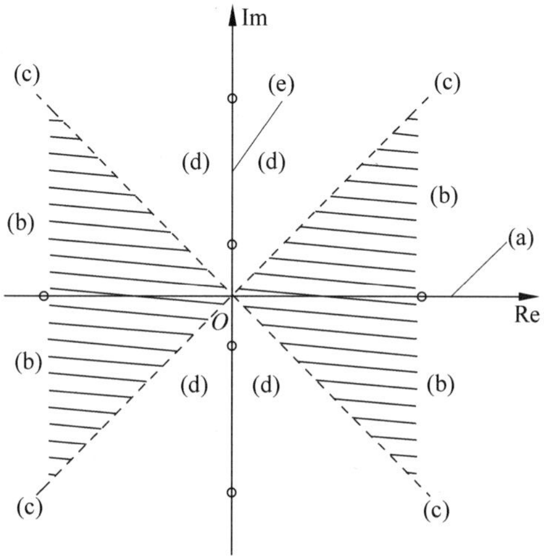

图 5-1 线性化系统特征根在复平面的分布示意图

(3) $L^2=2M_0J_{xy}$。

此时，特征根 s 满足

$$s^2=\pm \mathrm{j}\frac{M_0}{J_{xy}} \tag{5.9}$$

显然，s^2 为一对共轭纯虚数，特征根同样关于原点对称，分布于 4 个象限的角平分线上，即如图 5-1 中(c)所标示的虚线上。此时仍有特征根位于右半平面，系统不稳定。

(4) $2M_0J_{xy}<L^2<4M_0J_{xy}$。

此时，有

$$-(L^2-2M_0J_{xy})<0,\quad L^2-4M_0J_{xy}<0 \tag{5.10}$$

显然，s^2 为一对实部小于零的共轭复数，可知特征根在原点上对称分布，4 个特征根分别位于复平面上复角为 45°～90°、90°～135°、225°～270°、270°～315°的 4 个区域内，即图 5-1 中(d)标示的区域。其中两个特征根位于左半平面，另外两个特征根位于右半平面，系统不稳定。

(5) $L^2=4M_0J_{xy}$。

此时，s^2 满足

$$s^2=-\frac{M_0}{J_{xy}} \tag{5.11}$$

则特征根为一对共轭纯虚数重根，在图 5-1 中以(e)标示，系统处于临界状态。

(6) $L^2>4M_0J_{xy}$。

此时，有

$$-(L^2-2M_0J_{xy})<0,\quad L^2-4M_0J_{xy}>0 \tag{5.12}$$

则 s^2 为一对实数,并且可以发现

$$\begin{aligned}(L^2-2M_0J_{xy})^2&=L^4-4L^2M_0J_{xy}+4M_0^2J_{xy}^2>L^4-4L^2M_0J_{xy}\\&=L\sqrt{L^2-4M_0J_{xy}}\end{aligned} \tag{5.13}$$

因此,可以确定,当 $L^2>4M_0J_{xy}$ 时,s^2 必为一对负实数。这种情况下,特征根为两对共轭纯虚数,分布在虚轴两端,在图5-1中同样以(e)标示。

综上可知,当 $L^2<4M_0J_{xy}$ 时,会有特征根位于右半复平面上;而当 $L^2\geqslant 4M_0J_{xy}$ 时,特征根位于虚轴上。因此,当 $L^2<4M_0J_{xy}$ 时,线性化系统的平衡点局部不稳定,从而原非线性系统的平衡点必然是不稳定的。而当 $L^2\geqslant 4M_0J_{xy}$ 时,线性化系统的平衡点是一个中心,此时,原非线性系统的平衡点可能是稳定、不稳定或仍为中心,仅仅根据线性化系统无法判断原非线性系统平衡点的类型。但是,陀螺效应表明,高速自转的转子具有保持转轴方向的特性。因此,通过仿真对式(2.18)的转子非线性状态方程进行仿真来分析转子的动力学特性。主轴顶点的轨迹图如图5-2所示。仿真结果图表明,转子在仅受重力的情况下,当 $L^2\geqslant 4M_0J_{xy}$ 时,主轴偏离竖直位置不同偏角时,主轴将会保持初始偏角进动,如图5-2(a)所示;而当 $L^2<4M_0J_{xy}$ 时,转子偏角将单调增大,无法维持稳定转动,如图5-2(b)所示。

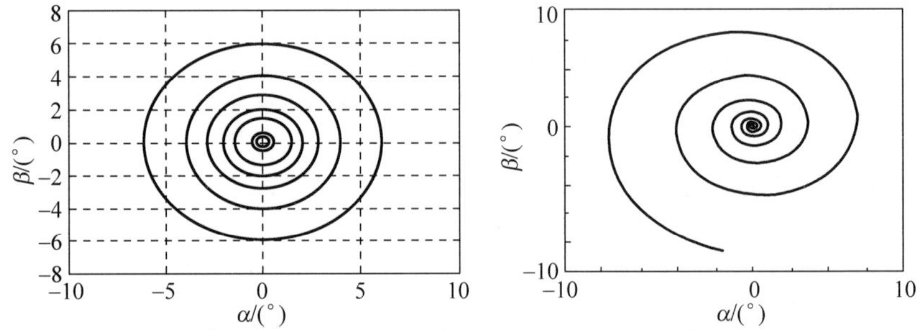

(a) $L^2\geqslant 4M_0J_{xy}$　　(b) $L^2<4M_0J_{xy}$

图5-2　不同条件下主轴顶点轨迹图

5.2　基于陀螺效应的定位控制算法

从上面的分析和仿真可以看出,竖直转子在仅受重力作用的情况下,一旦因为各种原因偏离平衡位置,将会呈现要么不稳定($L^2<4M_0J_{xy}$),要么围绕平衡点进动($L^2\geqslant 4M_0J_{xy}$)这两种状态。按照李雅普诺夫稳定性理论的定义,第二种状态属于稳定状态。但是,在工程中,一般需要控制系统呈现渐近稳定的状态,即主轴偏角趋于零,位置渐近地趋于竖直,并且在位置调整的过渡过程中,主轴偏离竖直位置的偏角 α 和 β 都不能过大。

为了实现这一目的,就需要对转子施加控制外力矩,使得主轴偏角不断减小并最终保持竖直位置。直接对非线性系统进行整体控制,其分析和设计过程均比较复杂。考虑主轴偏离竖直位置的偏角 α 和 β 不能过大的要求,这个问题实际上是对非线性系统在平衡点附近的局部范围内的控制。因此,可以采用线性化系统式(5.4)设计控制策略,这样就可以大大

简化控制系统的设计过程。根据这个思路，在式(5.4)的右端增加控制量，则有

$$\dot{\boldsymbol{x}} = \boldsymbol{A}\boldsymbol{x} + \boldsymbol{B}\boldsymbol{u} \tag{5.14}$$

其中，

$$\boldsymbol{u} = \begin{bmatrix} \boldsymbol{M}_{xc} \\ \boldsymbol{M}_{yc} \end{bmatrix}, \quad \boldsymbol{B} = \begin{bmatrix} 0 & 0 \\ 0 & 0 \\ \dfrac{1}{J_{xy}} & 0 \\ 0 & \dfrac{1}{J_{xy}} \end{bmatrix}$$

如何选取合适的控制信号 $\boldsymbol{u}$，使得式(5.14)渐近地趋近于平衡点，是本节要讨论的重点。

5.2.1　极点配置方法在定位控制问题中的局限

对于线性化系统式(5.14)，虽然可以采用现代控制理论的控制方法，例如极点配置方法来得到相应的控制律，然而，由于极点配置是基于近似线性化系统得到的，对于原非线性系统，此控制策略一般只在平衡点的某个邻域内有效。当系统初值发生较大变化时，则很有可能使极点配置方法得到的控制律响应特性变差，甚至失稳。

例如，取近似线性化系统的目标极点为 $\lambda_{1,2}=-4\pm \mathrm{j}2$，$\lambda_{3,4}=-1\pm \mathrm{j}1$，系统初值的三个分量均为 $\alpha(0)=1^\circ$，$\beta(0)=1^\circ$，$\omega_y=0$，唯有 ω_x 分别取 0，0.1，0.2，0.3，可以得到原非线性系统的响应，如图 5-3(a)所示。从图中可以看出，当系统初始状态变化时，基于极点配置的控制将会使系统响应出现较大超调。超调过大导致系统偏离平衡点距离过远，从而使得近似线性化系统式(5.4)无法表征原非线性系统的动力学特性。这种状态恰恰是系统运行时所必须避免的。

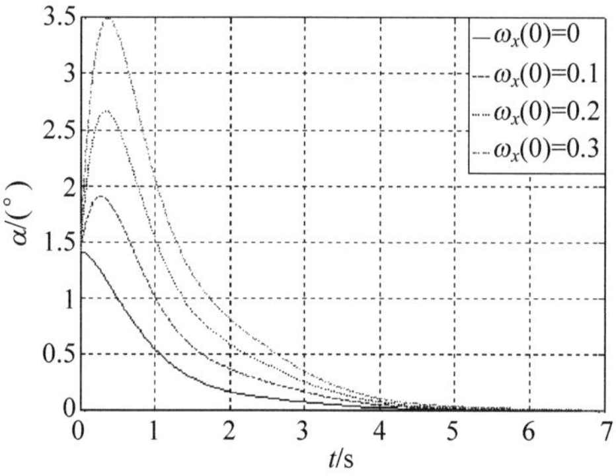

(a) 不同初值下响应的变化

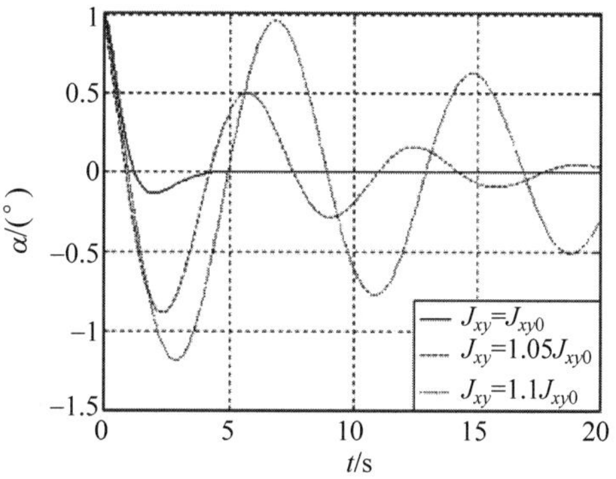

(b) 不同系数下响应的变化

图 5-3　极点配置方法对初值及参数变化的敏感性

另一方面，基于极点配置的控制策略对系统参数高度敏感，当系统参数发生微小变化时，原有的控制律就会失效，如图 5-3(b)所示。从图中可以看出，当转子绕 OX/OY 轴的转动惯量 $J_{xy}=J_{xy0}$ 时，系统是渐近稳定的；当 $J_{xy}=1.05J_{xy0}$ 时，系统虽然也是稳定的，但性能指标不好，发生较大振荡，当 $J_{xy}=1.1J_{xy0}$ 时，系统振荡较为剧烈。可见当系统参数发生微小变化时，系统响应将会出现大幅振荡，甚至发散失稳，因此基于线性近似系统极点配置的方法鲁棒性不好，不宜采用。

5.2.2 基于陀螺效应的转子定位控制算法

由于上述问题的存在，应当从其他方面入手设计控制系统。考虑系统在运行时转子始终围绕主轴高速自转，相当于一个陀螺。故可以从陀螺效应的角度对系统的运动控制进行定性分析。

根据动量矩定理式(2.10)可知，高速自转刚体对固定点的角动量矢量端点在惯性系中的速度，等于外力对同一点的主矩，即当外力作用于竖直自转刚体时，刚体端点在固定坐标系中的速度，将沿着外力矩的方向，而对于一端固定的刚体，则将会向着外力矩的方向倾倒。

因此，当陀螺主轴在 OX 轴正方向产生一定的角位移(即 $\beta\neq 0$，如图 2-3 所示)时，陀螺受到的重力矩将指向 OY 轴正方向，陀螺主轴端点将以支点 O 为中心向 OY 轴正方向转动；反之，若陀螺主轴在 OY 轴正方向产生一定的角位移(即 $\alpha\neq 0$，如图 2-3 所示)，陀螺受到的重力矩将指向 OX 轴负方向，陀螺主轴端点将以支点 O 为中心向 OX 轴负方向转动。两个运动相合成，使得陀螺主轴在只受重力条件下的视运动为以 O 点为中心绕 OZ 轴进动(如图 5-4 所示)。这就是转子的**陀螺效应**[77-78]。

但是，要抑制进动，同样可以利用刚体的陀螺效应。根据陀螺效应，转子主轴将会向外力矩方向摆动，那么，只要作用在刚体上的控制力矩 $\boldsymbol{M}_{\mathrm{c}}$ 能够始终指向竖直轴 OZ，那么，刚体的主轴将产生一个始终向 OZ 轴靠拢的运动趋势。只要选择合适的控制力矩 $\boldsymbol{M}_{\mathrm{c}}$，即可使得刚体的主轴渐近地趋于竖直位置。

将图 5-4 的刚体投影到 OXY 平面上，同时将式(2.4)代入，省略重力和重力矩图线，可得到如图 5-5 所示的控制力矩示意图。

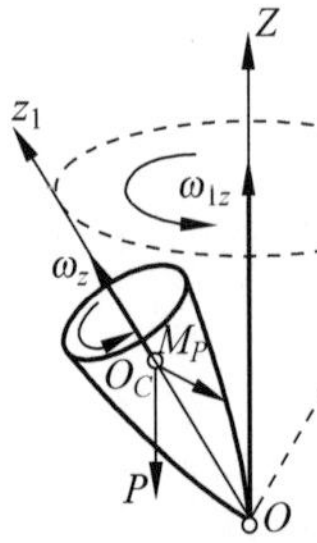

图 5-4 重力作用下刚体的运动示意图

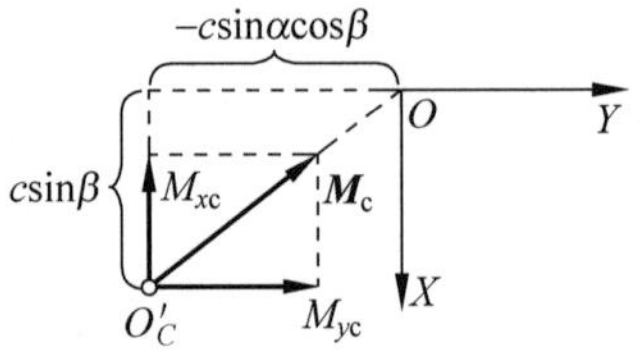

图 5-5 定位控制力矩平面示意图

取控制力矩 $\boldsymbol{M}_{\mathrm{c}}=C\boldsymbol{d}$，其中 C 为控制系数，$\boldsymbol{d}=\overrightarrow{OO'_C}$，$O'_C$ 为转子质心 O_C 在 OXY 平面的投影。易知，$|\boldsymbol{d}|=C\sqrt{\sin^2\beta+\sin^2\alpha\cos^2\beta}$。这样，就能确保力矩始终指向中心位置。控制力矩 $\boldsymbol{M}_{\mathrm{c}}$ 的分量表达式为

$$\begin{cases} M_{x1}=-C\sin\beta \\ M_{y1}=C\sin\alpha\cos\beta \end{cases} \tag{5.15}$$

当 α 和 β 均为小角度时，上式可以近似为

$$\begin{cases} M_{x1}=-C\beta \\ M_{y1}=C\alpha \end{cases} \tag{5.16}$$

取 $\boldsymbol{u}_1=\boldsymbol{K}_1\boldsymbol{x}=[M_{x1} \quad M_{y1}]^{\mathrm{T}}$，将其代入式(5.14)，得到控制系统矩阵为

$$\boldsymbol{A}_1=\boldsymbol{A}+\boldsymbol{B}\boldsymbol{K}_1=\begin{bmatrix} 0 & 0 & 1 & 0 \\ 0 & 0 & 0 & 1 \\ \dfrac{M_0}{J_{xy}} & -\dfrac{C}{J_{xy}} & 0 & -\dfrac{L}{J_{xy}} \\ \dfrac{C}{J_{xy}} & \dfrac{M_0}{J_{xy}} & \dfrac{L}{J_{xy}} & 0 \end{bmatrix} \tag{5.17}$$

式(5.17)的特征多项式为

$$\lambda_1(s)=s^4+\left(\frac{L^2}{J_{xy}^2}-\frac{2M}{J_{xy}}\right)s^2+\frac{2CL}{J_{xy}^2}s+\frac{C^2+M^2}{J_{xy}^2} \tag{5.18}$$

由于特征多项式有缺项，根据自动控制理论的劳斯判据可知，上面的特征方程必有根位于右半平面，也就是系统矩阵 $\boldsymbol{A}_1$ 必有特征值位于右半平面，故而系统式(5.17)是不稳定的。因此，为了使系统稳定，需要在控制力矩中引入阻尼项，如：

$$\begin{cases} M_{x2}=-K\dot{\alpha} \\ M_{y2}=-K\dot{\beta} \end{cases} \tag{5.19}$$

则总体的定位控制算法为

$$\boldsymbol{u}=\boldsymbol{K}\boldsymbol{x}=\begin{bmatrix} M_{xc} \\ M_{yc} \end{bmatrix}=\begin{bmatrix} M_{x1}+M_{x2} \\ M_{y1}+M_{y2} \end{bmatrix}=\begin{bmatrix} -Cx_2-Kx_3 \\ Cx_1-Kx_4 \end{bmatrix} \tag{5.20}$$

将式(5.20)代入式(5.14)，得到控制系统矩阵为

$$\boldsymbol{A}_2=\boldsymbol{A}+\boldsymbol{B}\boldsymbol{K}=\begin{bmatrix} 0 & 0 & 1 & 0 \\ 0 & 0 & 0 & 1 \\ \dfrac{M_0}{J_{xy}} & -\dfrac{C}{J_{xy}} & -\dfrac{K}{J_{xy}} & -\dfrac{L}{J_{xy}} \\ \dfrac{C}{J_{xy}} & \dfrac{M_0}{J_{xy}} & \dfrac{L}{J_{xy}} & -\dfrac{K}{J_{xy}} \end{bmatrix} \tag{5.21}$$

其特征多项式为

$$\lambda_2(s)=s^4+\frac{2K}{J_{xy}}s^3+\left(\frac{L^2+K^2}{J_{xy}^2}-\frac{2M_0}{J_{xy}}\right)s^2+\frac{2(CL-KM_0)}{J_{xy}^2}s+\frac{C^2+M_0^2}{J_{xy}^2} \tag{5.22}$$

要保证系统式(5.14)的稳定性，只要系统矩阵特征值，即特征方程式(5.22)的根均位于左半平面即可。根据劳斯判据，只要控制参数 C、K 满足如下不等式约束，就能保证式(5.22)的根均位于左半平面

$$\begin{cases} K>0 \\ K^3+(L^2-M_0J_{xy})K-LJ_{xy}C>0 \\ J_{xy}C^2-LKC+M_0K^2<0 \end{cases} \tag{5.23}$$

5.2.3 转子定位控制策略的仿真

取转子的参数如表5-1所示，转子轴初始偏角为 x 方向偏转0.8°，同时取控制器为如下形式

$$\boldsymbol{u} = -\boldsymbol{K}\boldsymbol{x} = \begin{bmatrix} 0 & 100 & 7 & 0 \\ -100 & 0 & 0 & 7 \end{bmatrix} \boldsymbol{x} \tag{5.24}$$

表5-1 转子参数

参　　数	数　　值
质量 m/kg	5.87
对自转轴转动惯量 J_z/(kg·m^2)	0.1948
对水平轴转动惯量 J_{xy}/(kg·m^2)	0.186
质心到支承点距离 c/m	0.25
法向力力臂 h_m/m	0.35

在MATLAB环境中根据式(5.14)和式(5.24)所确定的转子定位控制系统状态方程编写仿真程序，令控制器式(5.24)在 $t=7.5$s 时开始作用，可以得到转子轴与竖直位置 OZ 之间的偏角的响应仿真曲线如图5-6(a)所示。从仿真曲线可以看出，当控制器没有作用时，转子偏角在初始偏角0.8°的附近摆动，而当控制器开始作用后，转子的偏角迅速减小至接近0°。

在实际的转子定位控制装置中，还存在着保护轴承，以防止转子运动时偏离竖直位置角度过大，从而损坏设备。保护轴承带来的效果就是，当转子偏离竖直位置达到一定角度时，将会首先与保护轴承相接触，从而避免当发生意外情况时，转子偏转角度较大而导致的转子直接与其他易损部件碰撞造成的设备损坏。而实际的保护轴承加工时，由于加工精度的影响，其对转子的"限位"作用可能是不均匀的，甚至带有一定的随机性。为了模拟这种情况，可以在定位控制算法的仿真中加入一个带有随机性的"反弹"模块，同样令控制器于 $t=7.5$s 时开始作用，从而得到转子偏离竖直位置的偏角曲线如图5-6(b)所示。从图中可以看出，由于附加的"随机反弹模块"的影响，转子偏角在控制器作用后并不能减小到0°。但是，偏转角度也明显减小。

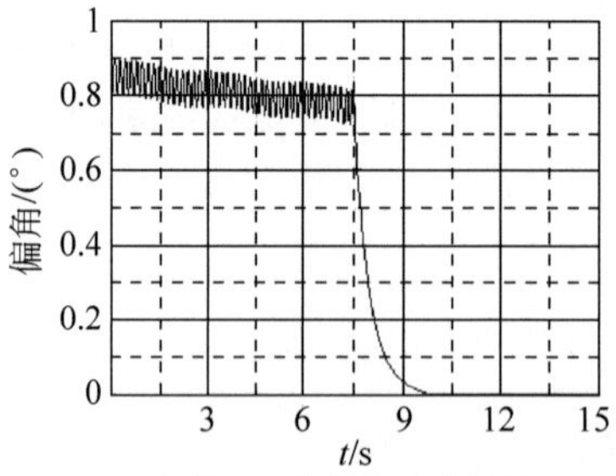

(a) 理想情况下的偏角仿真结果

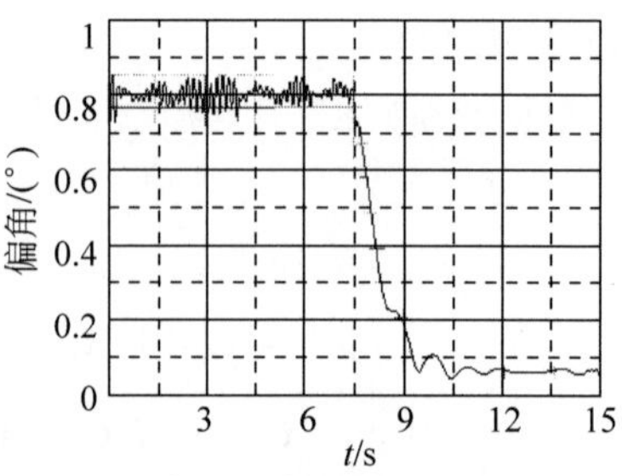

(b) 考虑反弹时的偏角仿真结果

图5-6 位移交叉反馈后转子主轴偏角响应曲线

从上面的讨论可以看出，依据陀螺效应所提出的转子定位控制算法能够有效减小转子运行时的偏角。

5.3 转子定位控制系统仿真

在 5.2.3 节中，我们对转子定位控制算法进行了仿真，说明定位控制算法是有效的。但是，这个仿真仅仅是针对理想转子数学模型的仿真，并没有考虑执行器，即直线感应电机的动态。而从式(4.13)可以知道，直线感应电机的状态方程也是一个至少三阶的非线性微分方程。因此在本节中，我们对包含直线感应电机在内的整个转子定位控制系统进行仿真，以进一步验证定位控制系统在技术上的可行性。本节的仿真所采用的转子参数以及直线感应电机参数，分别与表 5-1 和表 4-1 相同。

5.3.1 转子定位控制系统仿真模型的组成

在 MATLAB/Simulink 中建立如图 5-7 所示的转子定位控制系统的仿真框图。图中，定位控制系统由 4 个主要模块和若干辅助模块组成，这 4 个主要模块为电机模块、转子定位控制模块、转子模块和转子转动控制模块。接下来对各个模块的结构和功能进行介绍。

1. 电机模块

如前所述，电机模块是转子定位控制的执行器，也是转子转动的执行器。电机模块由 4 个弧形直线感应电机组成，分别布置于 X、Y 轴正负方向上，通过 4 个方向的法向力来控制转子位置，而 4 个切向力共同组成转矩来驱动转子旋转。

直线感应电机以转子定位控制模块所给出的法向力信号和给定的转速信号为相应各直线感应电机的参考输入，以式(4.20)为基础建立各个直线感应电机，x 的正负方向、y 的正负方向上 4 个直线感应电机分别根据自身的方向的法向力参考信号来确定自身法向力输出，同时根据速度信号来调整切向力输出，二者之间采用 4.2 节所提出的解耦算法来设计仿真模块。

2. 转子定位控制模块

转子定位控制模块用来计算定位所需的各个方向的法向力。这个模块的输入为转子偏离竖直位置的偏角 α 和 β 以及它们各自对应的角速度 ω_x 和 ω_y，将这些偏角和角速度按照式(5.24)计算，就可以得到转子定位所需的 x 和 y 方向的力矩 M_{xc} 和 M_{yc}，再根据式(5.25)就可以计算得到各个方向的法向力。这个法向力就是各个方向直线感应电机所需的法向力参考信号 F_{nr}。式(5.25)中 F_{n0} 为法向力静态值，即转子位于竖直位置时的法向力值；h_m 为法向力力臂，即直线感应电机安装高度。

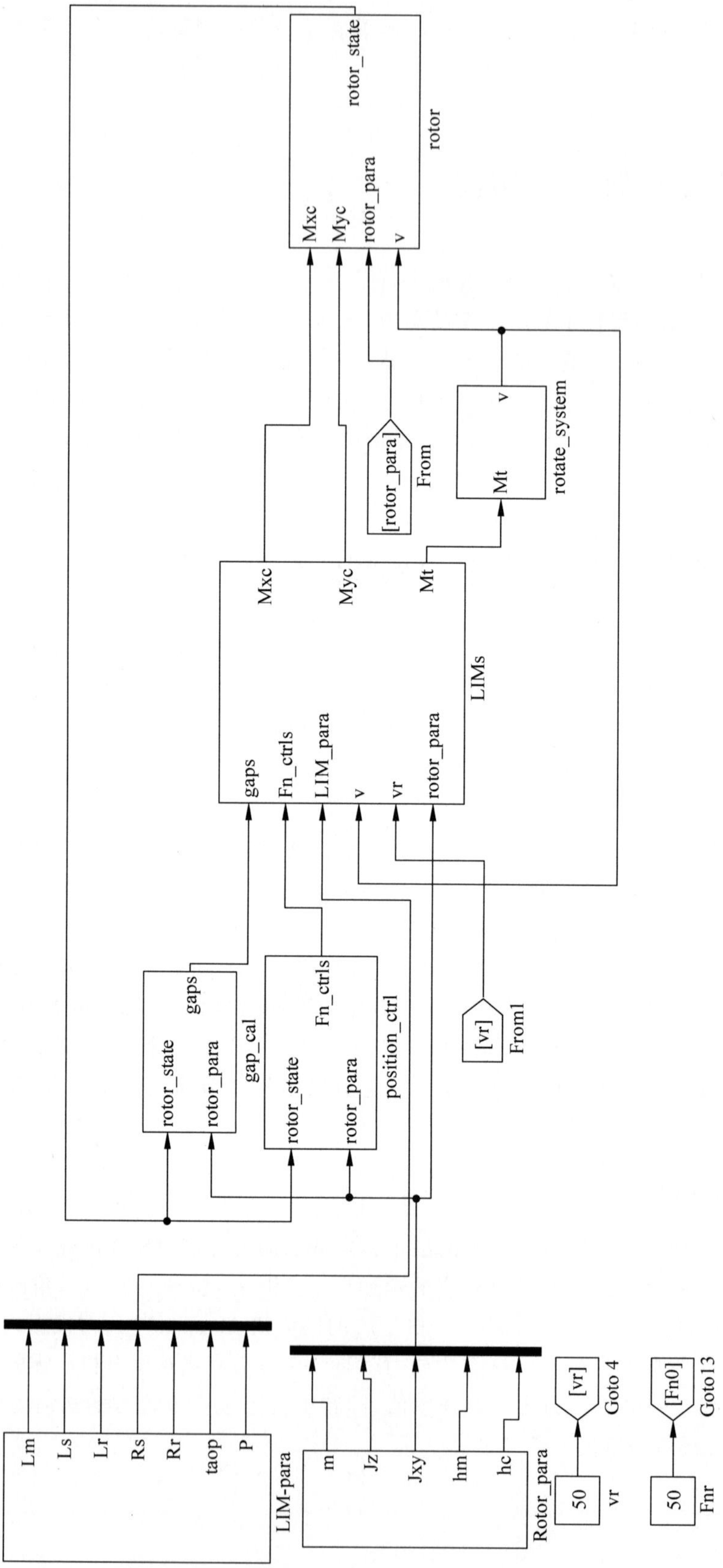

图 5-7 转子定位控制系统仿真的 Simulink 框图

$$\begin{cases} F_{x+}=F_{n0}+\dfrac{M_{yc}}{2h_m} \\ F_{x-}=F_{n0}-\dfrac{M_{yc}}{2h_m} \\ F_{y+}=F_{n0}-\dfrac{M_{xc}}{2h_m} \\ F_{y-}=F_{n0}+\dfrac{M_{xc}}{2h_m} \end{cases} \tag{5.25}$$

3. 转子模块

转子是定位控制系统的被控对象。在仿真中，将转子转动与转子定位分开考虑，因此，转子模块按照式(5.1)进行设计。其输入信号为控制力矩 M_{xc}、M_{yc} 以及转子自转转速 ω_z，输出为转子的姿态向量 $\boldsymbol{x}=[\alpha \quad \beta \quad \omega_x \quad \omega_y]^{\mathrm{T}}$。

4. 转子转动控制模块

转子转动控制模块用以控制在直线感应电机切向力作用下转子的转速，这个转速同时也是转子定位的输入量。这个模块按照下式进行设计

$$\omega_z=\frac{M_t-k_v\omega_z-f}{J_z} \tag{5.26}$$

可以看出，式(5.26)实质上是式(4.16)的转动形式，其中的力矩 $M_t=r\sum F_t$，r 为转子底面半径。因此，转动模块的输入为 M_t，输出为转子转速 ω_z。

5. 其他模块

其他模块包括计算各个直线感应电机气隙的气隙模块以及用以输入直线感应电机和转子参数的初始化模块等。

5.3.2 转子定位控制系统仿真结果

转子定位控制系统偏角仿真结果如图 5-8 所示。从图中可以看出，当定位控制系统开始作用后，转子偏离竖直位置的偏角将会明显减小。但是，与图 5-6(a)有明显不同：在本节的仿真中，并没有外加随机扰动，但是转子偏角值却没有收敛到 0。这说明直线感应电机的动态过程对转子定位控制的效果有一定的影响。为了分析采用直线感应电机作为执行器的转子定位控制的控制效果，图 5-9 给出了各个直线感应电机的法向力信号。需要说明的是，直线感应电机法向力在 7.5s 时才开始作用到转子上，但在 7.5s 之前根据转子位置仍然会计算得出法向力的控制信号。这就是图 5-9 中各个法向力曲线在 7.5s 前有变化的原因。在 7.5s 后，直线感应电机的法向力开始作用在转子上，此时，可以看到，各个分力经过一定时间的变化后，逐渐向相同的稳态值趋近。可以推断，经过足够长的时间，x、y 各自正负方向的一对法向力最终将大小相等、方向相反，这时转子轴线将位于 z 轴，偏角为零。但是由

于仿真时间有限，过渡过程还没有结束，所以转子的偏角并未减小到零。当然，如果再考虑到执行器的实际工程限制，最终的偏角有可能维持在一个足够小的范围内。因此，从工程应用的角度来看，仿真结果表明本章提出的基于陀螺效应的转子定位控制策略是可行的，具有较好的控制效果。

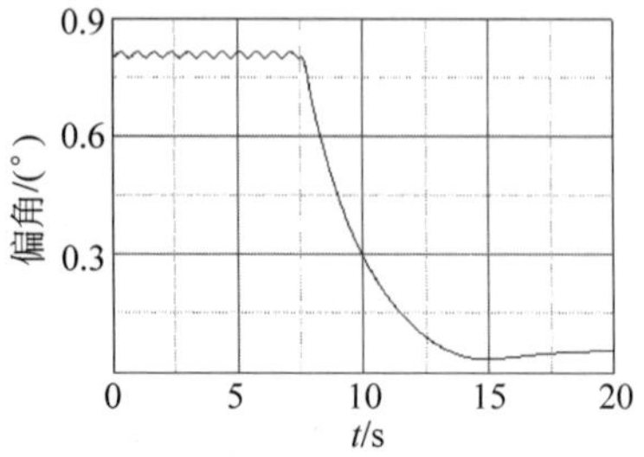

图 5-8　转子定位控制系统偏角仿真结果

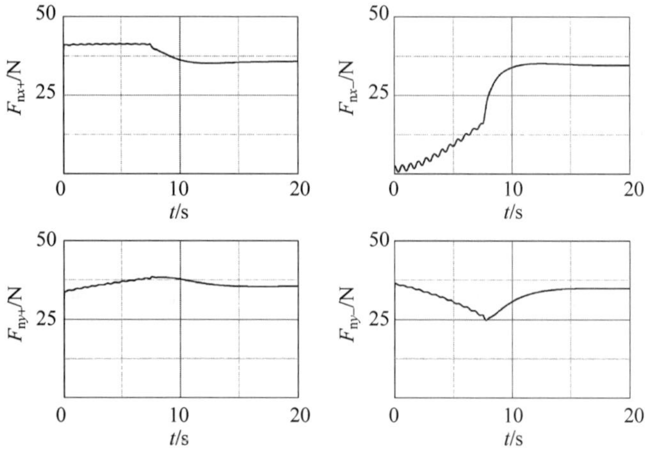

图 5-9　各个直线感应电机的法向力信号

5.4　本章小结

针对第2章所建立的竖直转子的状态方程，本章首先对这个系统平衡点附近的动力学特性进行了分析。动力学特性分析表明，在自由状态下(即只有重力作用时)，采用近似线性化系统进行分析时，系统的平衡点(即转子位于竖直位置)在 $L^2<4M_0J_{xy}$ 时，是局部不稳定的；而当 $L^2\geqslant 4M_0J_{xy}$ 时，线性化系统的平衡点是中心，非线性系统的平衡点的类型无法确定；而仿真表明，此时平衡点为中心。

因此，需要提供额外的控制力矩，使得当系统离开平衡点(即转子不处于竖直位置)时，在控制力矩作用下会渐近趋向于平衡点。然而，经典的基于线性系统理论的控制策略(如极点配置方法)效果并不理想，尤其是对系统参数变化比较敏感，鲁棒性不好。这就需要寻找其他更好的定位控制策略。

陀螺效应是自转刚体所遵循的力学规律，它的表现形式为，转子在外力作用下，其轴线会向着外力矩的方向摆动。基于这个性质，本章设计了一种基于陀螺效应的 PD 控制定位控制算法，使得只要转子轴线不在竖直中心位置，就有始终指向竖直中心位置的控制力矩存在，这样就能使得转子轴线渐近地趋向竖直中心位置。在初始偏角为小角度的情况下，通过线性化系统设计了控制律，分析了系统平衡点局部渐近稳定的条件。

最后，对本章提出的转子定位控制策略进行了仿真研究。仿真分为两部分，首先是针对转子定位系统数学模型的仿真。仿真结果表明，基于陀螺效应的转子定位控制算法能够有效减小转子偏离竖直位置的角度。接下来，针对包含直线感应电机在内的整个转子定位控制系统进行了仿真。仿真结果表明，在采用直线感应电机作为执行器时，由于直线感应电机的动态过程影响，在有限时间内转子偏角没有收敛到零，其定位效果与理想定位有一定差距。尽管如此，从仿真效果来看，转子偏角已经明显减小，并维持在一个足够小的范围内。从工程应用的角度来看，基于陀螺效应的转子定位算法具有较好的控制效果。

第6章 竖直转子的$\mathscr{L}_1$自适应定位控制

在第5章的讨论中,我们针对近似线性化的系统提出了基于陀螺效应的转子定位控制策略。但是,转子系统的原始状态方程是一个非线性微分方程,基于近似线性化模型的控制策略本质上只对系统在平衡点附近某个邻域内有效,当系统偏离平衡点稍远时就有可能出现控制效果变差甚至失稳的情况。同时,在转子定位系统运行的过程中,还存在着参数变化、外界扰动等各种不确定性。为了克服这些非线性和不确定因素的影响,需要引入适应性更广的控制策略。本章主要讨论这一问题。6.1节简要介绍自适应控制和$\mathscr{L}_1$自适应控制的基本概念和原理;6.2节简单阐述$\mathscr{L}_1$自适应控制理论所需的一些基础数学概念;6.3节详细讨论本书所研究的竖直转子定位控制中存在的不确定性的具体形式;6.4节给出$\mathscr{L}_1$自适应控制系统的具体结构;6.5节对自适应控制系统的性能进行分析;6.6节对基于$\mathscr{L}_1$的自适应控制系统进行仿真。

6.1 自适应控制与$\mathscr{L}_1$自适应控制

6.1.1 自适应控制简介

在实际控制工程问题中,我们所面对的控制对象往往都具有一定程度的不确定性。这些不确定性,一种情况是源于对被控对象的物理机理了解不完全,从而导致建立的数学模型存在结构上的不确定性;另一种情况是,虽然模型结构是确定的,但由于外界环境、运行状况等的影响,使得被控对象的模型参数可能在较大范围内发生变化。

当存在上述不确定性时,按照确定性模型所设计出来的控制器就有可能无法得到良好的控制性能,甚至可能无法保持系统的稳定性。因此,在这种情况下,就需要设计一种新的控制系统,使其能够补偿系统运行过程中的不确定性对系统性能造成的影响。而自适应控制就具有补偿外界不确定性的能力。

目前，比较成熟的自适应控制系统分为两大类，即模型参考自适应控制系统（Model Reference Adaptive Control，MRAC）和自校正系统（Self-Tuning Control System，STCS）。这两类自适应控制系统的框图分别如图 6-1 和图 6-2 所示。

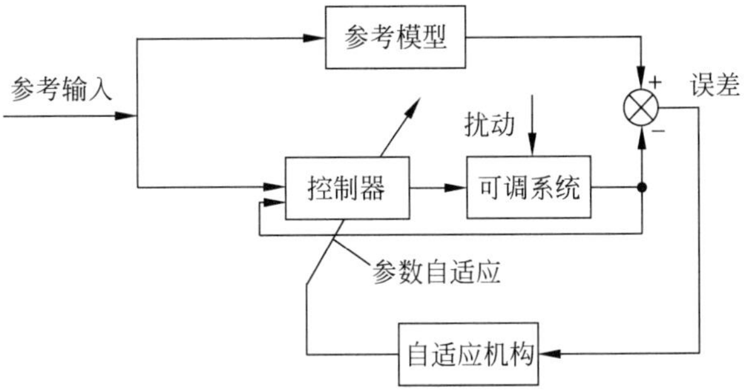

图 6-1 模型参考自适应控制系统原理框图

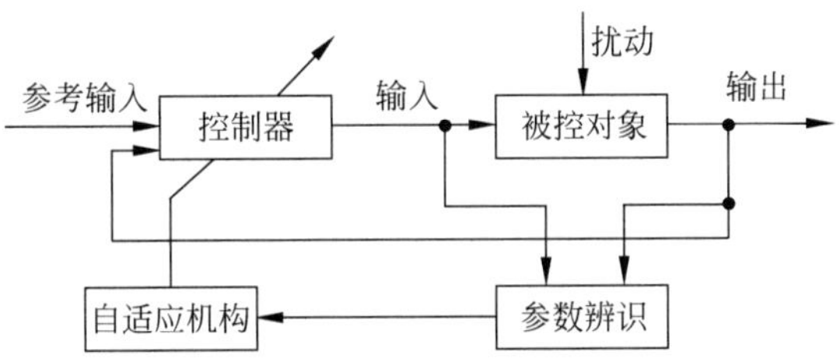

图 6-2 自校正系统原理框图

自适应控制主要研究以下 3 方面的问题。

（1）稳定性

稳定性是控制系统工作的前提条件和基本要求。自适应控制系统的稳定性分析和设计的主要理论基础是李雅普诺夫稳定性理论[89,90]、超稳定性理论[91]。

（2）收敛性

在自适应控制中，常常会出现递推算法，根据上一步的结果来确定这一步的控制参数。如果自适应算法收敛，那么要计算的参数会收敛到一个确定值，从而使得递推算法在有限时间内结束，这样才是物理上可实现的。

（3）鲁棒性

控制系统的鲁棒性指的是在未建模动态和扰动作用下，系统依然能够保持稳定性和一定的系统性能指标的能力。自适应控制系统一般是针对控制对象结构已知但参数不确定的情况设计的，但实际的被控对象结构往往难以准确获知，通过系统辨识得到的对象模型往往难以包含全部高频成分，这部分即为未建模动态。在系统存在未建模动态的情况下，当参考输入信号过大，或自适应增益过大，或存在量测噪声等情况时，都有可能使得自适应控制系统失稳。因此，鲁棒性是自适应控制的一个难点。

目前，无论是模型参考自适应控制还是自校正控制的研究，主要的成果集中在被控对象系统可视为线性系统的情形中，并有一些相应的应用。当被控对象具有非线性特性时，无论是模型参考自适应控制还是自校正控制都面临着很多挑战，其理论和控制算法的研究都还存在很多难题。可以说对一般的非线性系统来说，自适应控制还未形成完整的理论体系。

但是，对于某些满足特定条件的不确定非线性系统控制的研究已经取得一些进展，$\mathscr{L}_1$ 自适应控制理论[76,92]就是近年来取得较多进展并开始得到较多应用的自适应控制理论方法之一。

6.1.2　$\mathscr{L}_1$ 自适应控制理论简介

在实际的自适应控制问题中，针对系统的初始条件、参考输入、不确定性等因素的任意变化，我们希望系统都能够迅速确定相应的控制参数，使得系统的响应满足相应的要求。这就需要提高自适应控制系统的速度，或称**快速自适应**。为了实现快速自适应，就需要尽可能地提高自适应增益。然而，较高的自适应增益所带来的问题，就是系统的鲁棒性变差、稳定裕量减小，甚至系统变得不稳定[93]。也就是说，自适应速度的提高会使得系统对于信号延时变得更为敏感。因此，如何找一种新型的控制结构，使得系统快速自适应的同时，还能够确保系统的鲁棒性，就是一个很有意义的问题。

$\mathscr{L}_1$ 自适应控制系统的原理框图如图 6-3 所示。它主要针对含有未知参数的不确定系统。其控制策略的核心为通过一个状态预测器来得到系统的预测状态；将预测状态与被控对象状态之间的误差作为自适应算法的输入，从而递推得到系统未知参数的估计值；利用未知参数的估计值来调整控制器实现自适应；同时，未知参数的估计值也用来在线调整状态预测器的参数。可以证明[76]，当被控对象闭环传递函数的 $\mathscr{L}_1$ 范数满足一定条件时，$\mathscr{L}_1$ 自适应控制系统就能够确保状态预测器的有界输入有界状态（Banded Input Banded State，BIBS）稳定，而同时能够确保系统状态与预测器状态的误差的有界性。这样就确保了 $\mathscr{L}_1$ 自适应控制系统的 BIBS 稳定性。

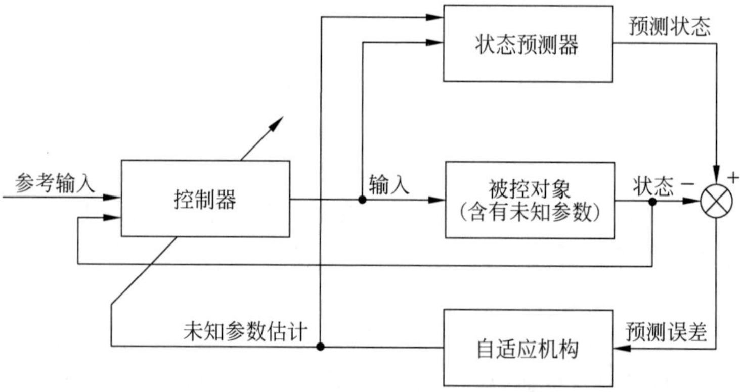

图 6-3　$\mathscr{L}_1$ 自适应控制系统原理框图

对比图 6-1 和图 6-3 可以看出，$\mathscr{L}_1$ 自适应控制与传统的模型参考自适应控制在结构上有一定相似性，都是通过比较被控对象与参考系统（状态预测器）的误差来作为未知参数估计的依据。主要的不同点在于：MRAC 系统中的参考模型是事先人为给定的，其动态过程反映了理想系统的动态过程，仅仅由参考信号和参考系统的模型所确定，与被控对象的状态或未知参数的估计无关；而 $\mathscr{L}_1$ 自适应控制中，参考模型的模块被状态预测器取代，状态预测器的微分方程中既包含了被控对象的状态，又包含了未知参数的估计。$\mathscr{L}_1$ 自适应控制采

用了 $\mathscr{L}_p$ 空间范数作为分析工具，正因为如此，$\mathscr{L}_1$ 自适应控制理论既可用于传统的具有不确定性的线性系统的自适应控制，也能应用于某些具有不确定性的非线性系统的自适应控制。$\mathscr{L}_1$ 自适应控制理论在飞行器姿态控制[76]、钻探装置方向控制系统[94]和欠阻尼机械臂控制[95]等方面有着广泛的应用。对于含有不确定性的竖直转子定位系统，采用 $\mathscr{L}_1$ 自适应控制理论作为分析工具是一个合适的选择。

6.2 数学基础

6.2.1 向量范数

对于向量空间 $\mathbf{V}\subseteq\mathbb{R}^m$ 以及其中的元素 $\boldsymbol{u},\boldsymbol{v}\in\mathbf{V}$ 和任意实数 $\lambda\in\mathbb{R}$，定义一个实值函数 $\|\cdot\|$，如果 $\|\cdot\|$ 满足如下三个性质：

- $\|\boldsymbol{u}\|\geqslant 0$，且 $\|\boldsymbol{u}\|=0$ 当且仅当 $\boldsymbol{u}=\mathbf{0}$
- $\|\boldsymbol{u}+\boldsymbol{v}\|\leqslant\|\boldsymbol{u}\|+\|\boldsymbol{v}\|$
- $\|\lambda\boldsymbol{u}\|=|\lambda|\,\|\boldsymbol{u}\|$

则称 $\|\cdot\|$ 为向量范数。

常见的向量范数有：

(1) 1-范数

对于向量 $\boldsymbol{u}=[u_1,u_2,\cdots,u_m]^{\mathrm{T}}\in\mathbb{R}^m$，其 1-范数定义为

$$\|\boldsymbol{u}\|_1\overset{\mathrm{def}}{=}\sum_{i=1}^{m}|u_i|$$

(2) 2-范数

对于向量 $\boldsymbol{u}=[u_1,u_2,\cdots,u_m]^{\mathrm{T}}\in\mathbb{R}^m$，其 2-范数定义为

$$\|\boldsymbol{u}\|_2\overset{\mathrm{def}}{=}\sqrt{\boldsymbol{u}^{\mathrm{T}}\boldsymbol{u}}$$

(3) p-范数

对于向量 $\boldsymbol{u}=[u_1,u_2,\cdots,u_m]^{\mathrm{T}}\in\mathbb{R}^m$，其 p-范数定义为

$$\|\boldsymbol{u}\|_p\overset{\mathrm{def}}{=}\left(\sum_{i=1}^{m}|u_i|^p\right)^{1/p}$$

(4) ∞-范数

对于向量 $\boldsymbol{u}=[u_1,u_2,\cdots,u_m]^{\mathrm{T}}\in\mathbb{R}^m$，其 ∞-范数定义为

$$\|\boldsymbol{u}\|_\infty\overset{\mathrm{def}}{=}\max_{1\leqslant i\leqslant m}|u_i|$$

在本书中的范数，如果未明确标出，指的都是 ∞-范数。

6.2.2 矩阵诱导范数

对于矩阵 $\mathbf{A}\in\mathbb{R}^{n\times m}$，可以将其视作从空间 $\mathbb{R}^m$ 到 $\mathbb{R}^n$ 的向量映射算子。因此，这个算子范数，或者称为诱导范数可以定义为

$$\|\boldsymbol{A}\|_p \stackrel{\text{def}}{=} \sup_{\boldsymbol{x}\neq\boldsymbol{0}} \frac{\|\boldsymbol{Ax}\|_p}{\|\boldsymbol{x}\|_p} = \sup_{\|x\|_p=1} \|\boldsymbol{Ax}\|_p$$

与向量范数相对应，常见的矩阵诱导范数有：

(1) 1-范数

矩阵 $\boldsymbol{A}\in\mathbb{R}^{n\times m}$ 的 1-范数定义为

$$\|\boldsymbol{A}\|_1 \stackrel{\text{def}}{=} \max_{1\leqslant j\leqslant m} \sum_{i=1}^{n} |a_{ij}| \quad \text{(列之和)}$$

(2) 2-范数

矩阵 $\boldsymbol{A}\in\mathbb{R}^{n\times m}$ 的 2-范数定义为

$$\|\boldsymbol{A}\|_2 \stackrel{\text{def}}{=} \sqrt{\lambda_{\max}(\boldsymbol{A}^{\mathrm{T}}\boldsymbol{A})}$$

其中 $\lambda_{\max}(\cdot)$ 表示矩阵的最大特征值。

(3) ∞-范数

矩阵 $\boldsymbol{A}\in\mathbb{R}^{n\times m}$ 的∞-范数定义为

$$\|\boldsymbol{A}\|_\infty \stackrel{\text{def}}{=} \max_{1\leqslant i\leqslant n} \sum_{j=1}^{m} |a_{ij}| \quad \text{(行之和)}$$

除了 6.2.1 中的三条性质，向量或矩阵范数还具有如下性质：

(1) $\|\boldsymbol{A}\| = \|\boldsymbol{A}^{\mathrm{T}}\|$

(2) 对任意向量 $\boldsymbol{x}$ 和满足维数要求的矩阵 $\boldsymbol{A}$，存在如下的不等式：

$$\|\boldsymbol{Ax}\| \leqslant \|\boldsymbol{A}\|\,\|\boldsymbol{x}\|$$

(3) 任何向量或矩阵范数都是等效的，即，如果 $\|\cdot\|_p$ 和 $\|\cdot\|_q$ 是两个不同的范数，则对于任意向量或矩阵 $\boldsymbol{X}$，存在常数 $c_1>0$ 和 $c_2>0$，使得

$$c_1\|\boldsymbol{X}\|_p \leqslant \|\boldsymbol{X}\|_q \leqslant c_2\|\boldsymbol{X}\|_p$$

6.2.3 $\mathscr{L}$ 空间和 $\mathscr{L}$ 范数

应用向量范数的定义，可以定义映射 $f:[0,+\infty)\to\mathbb{R}^n$ 的范数如下：

(1) $\mathscr{L}_1$-范数和 $\mathscr{L}_1$-空间：对于分段连续的可微函数空间，若其上的 $\mathscr{L}_1$-范数有界

$$\|f\|_{\mathscr{L}_1} \stackrel{\text{def}}{=} \int_0^\infty \|f(\tau)\|\,\mathrm{d}\tau < \infty$$

则称为 $\mathscr{L}_1$-空间，记作 $\mathscr{L}_1^n$，其中 $\|f(\tau)\|$ 为任意向量范数。

(2) $\mathscr{L}_p$-范数和 $\mathscr{L}_p$-空间：对于分段连续的可微函数空间，若其上的 $\mathscr{L}_p$-范数有界

$$\|f\|_{\mathscr{L}_p} \stackrel{\text{def}}{=} \left(\int_0^\infty \|f(\tau)\|^p\,\mathrm{d}\tau\right)^{1/p} < \infty$$

则称为 $\mathscr{L}_p$-空间，记作 $\mathscr{L}_p^n$。

(3) $\mathscr{L}_\infty$-范数：对于分段连续的可微函数空间，若其上的 $\mathscr{L}_\infty$-范数有界

$$\|f\|_{\mathscr{L}_\infty} \stackrel{\text{def}}{=} \max_{1\leqslant i\leqslant n}\left\{\sup_{\tau\geqslant 0}|f_i(\tau)|\right\} < \infty$$

则称为 $\mathscr{L}_\infty$-空间，记作 $\mathscr{L}_\infty^n$。

我们注意到 $\mathscr{L}$-范数的有限要求限制了 $\mathscr{L}_p^n$ 的函数种类。为了避免这种限制，考虑如

下的**延拓空间** $\mathscr{L}_e^n$，其定义为

$$\mathscr{L}_e^n \overset{\text{def}}{=} \{f(t) \mid f_\tau(t) \in \mathscr{L}^n, \forall \tau \in [0, +\infty)\}$$

其中 $f_\tau(t)$ 是函数 $f(t)$ 的截断：

$$f_\tau(t) = \begin{cases} f(t), & 0 \leqslant t \leqslant \tau \\ 0, & t > \tau \end{cases}$$

因此，只要函数在有限时间内不发散到无穷，就都属于 $\mathscr{L}_e^n$，这样就大大拓展了 $\mathscr{L}$-空间的范围。

需要指出的是，$\mathscr{L}$-范数虽然同样满足范数定义所要求的三条性质，但是，向量和矩阵范数的等效性在 $\mathscr{L}$-范数中并不存在，对于同一映射，其一些 $\mathscr{L}$-范数可能存在而同时另一些 $\mathscr{L}$-范数不存在。

6.2.4 传递函数的 $\mathscr{L}_1$ 范数

对一个 m 输入、l 输出的 LTI 系统 $G(s)$，设其冲激响应为 $g(t) \in \mathbb{R}^{l\times m}$，则其 $\mathscr{L}_1$-范数定义为

$$\| g \|_{\mathscr{L}_1} \overset{\text{def}}{=} \max_{i=1,2,\cdots,l} \left(\sum_{j=1}^{m} \| g_{ij} \|_{\mathscr{L}_1} \right)$$

本书中涉及级联系统的情况，为了简化叙述，有时直接用传递函数的范数 $\| G(s) \|_{\mathscr{L}_1}$ 来表示 $\| g \|_{\mathscr{L}_1}$。

6.2.5 凸集和凸集上的投影算子

在 $\mathscr{L}_1$ 自适应算法中，凸集上的投影算子是一个重要的工具。因此，先对凸集及凸集上的投影算子的概念和性质进行简要介绍（关于投影算子的详细介绍及相关性质和定理的严格证明可参见相应参考文献）。

首先给出下列定义：

定义 6-1（凸集[96]） 集合 $\Omega \subseteq \mathbb{R}^n$ 被称为**凸集**，若对任意 $x, y \in \Omega$，均有

$$\lambda x + (1-\lambda) y \in \Omega, \quad \forall \lambda \in [0,1]$$

定义 6-2（凸函数） 函数 $f: \mathbb{R}^n \to \mathbb{R}$ 被称为一个**凸函数**，若对任意 $x, y \in \mathbb{R}^n$，均有

$$f(\lambda x + (1-\lambda) y) \leqslant \lambda f(x) + (1-\lambda) f(y), \quad \forall \lambda \in [0,1]$$

引理 6-1 令 $f: \mathbb{R}^n \to \mathbb{R}$ 是一个凸函数，则对于任意常数 $\delta \in \mathbb{R}$，集合 $\Omega_\delta \overset{\text{def}}{=} \{\theta \in \mathbb{R}^n \mid f(\theta) \leqslant \delta\}$ 是一个凸集。Ω_δ 也称为水平子集（证明过程详见文献[96]）。

引理 6-2 令 $f: \mathbb{R}^n \to \mathbb{R}$ 是一个连续可谓的凸函数，选择一个常数 δ 和关于 δ 的凸集 $\Omega_\delta \overset{\text{def}}{=} \{\theta \in \mathbb{R}^n \mid f(\theta) \leqslant \delta\}$。令 $\theta, \theta^* \in \Omega_\delta$，并且 $f(\theta^*) < \delta$ 而 $f(\theta) = \delta$（即 θ^* 不是 Ω_δ 的边界，而 θ 是 Ω_δ 的边界）。则下面的不等式成立

$$(\theta^* - \theta)^{\mathrm{T}} \nabla f(\theta) \leqslant 0$$

其中 $\nabla f(\theta)$ 是 $f(\cdot)$ 在 θ 处的梯度（证明过程详见文献[97]）。

有了以上的定义和引理，就可以给出投影算子的定义。

定义 6-3（投影算子[98]） 考虑如下的具有平滑边界的凸紧集

$$\Omega_c \overset{\text{def}}{=} \{\boldsymbol{\theta} \in \mathbb{R}^n \mid f(\boldsymbol{\theta}) \leqslant c\}, \quad 0 \leqslant c \leqslant 1$$

其中 $f:\mathbb{R}^n \to \mathbb{R}$ 是如下的平滑凸函数：

$$f(\boldsymbol{\theta}) \overset{\text{def}}{=} \frac{(\varepsilon_\theta + 1)\boldsymbol{\theta}^{\mathrm{T}}\boldsymbol{\theta} - \boldsymbol{\theta}_{\max}^2}{\varepsilon_{\boldsymbol{\theta}}\boldsymbol{\theta}_{\max}^2}$$

而 $\boldsymbol{\theta}_{\max}$ 是 $\boldsymbol{\theta}$ 范数的界，$\varepsilon_{\boldsymbol{\theta}} > 0$ 是投影误差阈。根据上面定义的函数，对于向量 $\boldsymbol{y} \in \mathbb{R}^n$，可以定义**投影算子** $\mathrm{Proj}(\cdot,\cdot)$ 为

$$\mathrm{Proj}(\boldsymbol{\theta},\boldsymbol{y}) = \begin{cases} \boldsymbol{y} & f(\boldsymbol{\theta}) < 0 \\ \boldsymbol{y} & f(\boldsymbol{\theta}) \geqslant 0 \text{ 且 } \nabla f^{\mathrm{T}}\boldsymbol{y} \leqslant 0 \\ \boldsymbol{y} - \dfrac{\nabla f}{\|\nabla f\|}\left\langle \dfrac{\nabla f}{\|\nabla f\|}, \boldsymbol{y} \right\rangle f(\boldsymbol{\theta}) & f(\boldsymbol{\theta}) \geqslant 0 \text{ 且 } \nabla f^{\mathrm{T}}\boldsymbol{y} > 0 \end{cases}$$

投影算子具有如下性质：

性质 6-1 给定向量 $\boldsymbol{y} \in \mathbb{R}^n$，$\boldsymbol{\theta}^* \in \boldsymbol{\Omega}_0 \subseteq \boldsymbol{\Omega}_1 \subseteq \mathbb{R}^n$，以及 $\boldsymbol{\theta} \in \boldsymbol{\Omega}_1$，有如下关系

$$(\boldsymbol{\theta} - \boldsymbol{\theta}^*)^{\mathrm{T}}(\mathrm{Proj}(\boldsymbol{\theta},\boldsymbol{y}) - \boldsymbol{y}) \leqslant 0$$

严格的证明过程参见文献[98]，此处仅给出简要的说明：

由于

$$(\boldsymbol{\theta}^* - \boldsymbol{\theta})^{\mathrm{T}}(\mathrm{Proj}(\boldsymbol{\theta},\boldsymbol{y}) - \boldsymbol{y}) = \begin{cases} 0 & f(\boldsymbol{\theta}) < 0 \\ 0 & f(\boldsymbol{\theta}) \geqslant 0 \text{ 且 } \nabla f^{\mathrm{T}}\boldsymbol{y} \leqslant 0 \\ \dfrac{(\boldsymbol{\theta}^* - \boldsymbol{\theta})^{\mathrm{T}} \cdot \nabla f \cdot \nabla f^{\mathrm{T}}\boldsymbol{y} \cdot f(\boldsymbol{\theta})}{\|\nabla f\|^2} & f(\boldsymbol{\theta}) \geqslant 0 \text{ 且 } \nabla f^{\mathrm{T}}\boldsymbol{y} > 0 \end{cases}$$

根据引理 6-2，有 $(\boldsymbol{\theta}^* - \boldsymbol{\theta})^{\mathrm{T}}\nabla f \leqslant 0$，因此可知 $(\boldsymbol{\theta} - \boldsymbol{\theta}^*)^{\mathrm{T}}(\mathrm{Proj}(\boldsymbol{\theta},\boldsymbol{y}) - \boldsymbol{y}) \leqslant 0$。

6.3 具有不确定性的竖直转子定位系统描述

在 2.1.4 节中我们曾经对转子的不确定性做了简要介绍，而从本节开始将对其进行更加深入的讨论。首先，我们重新考察转子状态方程式(2.18)。由于转子自转角速度与系统其他状态自动解耦，因此，不考虑转子自转的动态，重新定义状态变量 $x_1 = \alpha$，$x_2 = \beta$，$x_3 = \dot{\alpha}$，$x_4 = \dot{\beta}$，可以将式(2.18)简化为

$$\begin{cases} \dot{x}_1 = \dfrac{x_3}{\cos x_2} \\ \dot{x}_2 = x_4 \\ \dot{x}_3 = \dfrac{Pc}{J_{xy}}\sin x_1 \cos x_2 - \dfrac{L}{J_{xy}}x_4 + x_3 x_4 \tan x_2 + \dfrac{M_{xc}}{J_{xy}} \\ \dot{x}_4 = \dfrac{Pc}{J_{xy}}\sin x_2 - x_3^2 \tan x_2 + \dfrac{L}{J_{xy}}x_3 + \dfrac{M_{yc}}{J_{xy}} \end{cases} \tag{6.1}$$

其余变量定义与式(2.18)相同。

定义如下的变量代换

$$\begin{cases} h_1(\boldsymbol{x}) = \dfrac{x_3}{\cos x_2} \\ h_2(\boldsymbol{x}) = x_4 \\ h_3(\boldsymbol{x}) = \dfrac{Pc}{J_{xy}}\sin x_1 \cos x_2 - \dfrac{L}{J_{xy}}x_4 + x_3 x_4 \tan x_2 \\ h_4(\boldsymbol{x}) = \dfrac{Pc}{J_{xy}}\sin x_2 - x_3^2 \tan x_2 + \dfrac{L}{J_{xy}}x_3 \end{cases} \tag{6.2}$$

以及 $\boldsymbol{h}=[h_1\ h_2\ h_3\ h_4]^{\mathrm{T}}$,显然 $\boldsymbol{h}(\boldsymbol{0})=\boldsymbol{0}$。式(6.1)可以写成

$$\dot{\boldsymbol{x}} = \boldsymbol{h}(x) + \boldsymbol{B}_1 \boldsymbol{u} \tag{6.3}$$

其中 $\boldsymbol{x}=[x_1\ x_2\ x_3\ x_4]^{\mathrm{T}}$ 是系统状态向量,$\boldsymbol{u}=[M_{xc}\ M_{yc}]^{\mathrm{T}}$ 是系统输入,以及

$$\boldsymbol{B}_1 = \begin{bmatrix} 0 & 0 \\ 0 & 0 \\ \dfrac{1}{J_{xy}} & 0 \\ 0 & \dfrac{1}{J_{xy}} \end{bmatrix}$$

式(6.3)所确定的系统状态方程是一个非线性微分方程,同时,系统参数存在着许多不确定性,例如转子对 X/Y 轴的转动惯量 $\boldsymbol{J}_{xy}$ 因为转子并非理想几何体而难以精确计算;同时,转子的自转角动量 $\boldsymbol{L}=\boldsymbol{J}_z\omega_z$ 中,转子对其自身轴线的转动惯量 $\boldsymbol{J}_z$ 也同样难以精确计算。

为了表征系统参数的不确定性,不妨设 $\boldsymbol{J}_{xy}=\boldsymbol{J}_{xy0}+\theta_1$,$\boldsymbol{J}_z=\boldsymbol{J}_{z0}+\theta_2$,其中 $\boldsymbol{J}_{xy0}$、$\boldsymbol{J}_{z0}$ 是根据已知条件按理想几何体转子得到的转动惯量的计算值,θ_1,θ_2 为未知常数,是由于转子加工误差、附加连接部件(如螺栓)以及其他附加影响因素(如万向节摩擦)而造成的总体等效偏差。此时,$\boldsymbol{h}(\boldsymbol{x})$和 $\boldsymbol{B}_1$ 可以表示为

$$\boldsymbol{h}(\boldsymbol{x}) = (\boldsymbol{A}+\boldsymbol{A}_\theta)\boldsymbol{x} + \boldsymbol{f}_1(\boldsymbol{x}), \quad \boldsymbol{B}_1 = \boldsymbol{B} + \boldsymbol{B}_\theta \tag{6.4}$$

其中

$$\boldsymbol{A}+\boldsymbol{A}_\theta = \left.\frac{\partial \boldsymbol{h}}{\partial \boldsymbol{x}}\right|_{\boldsymbol{x}=\boldsymbol{0}}$$

表示 $\boldsymbol{h}(\boldsymbol{x})$的线性部分,$\boldsymbol{f}_1(\boldsymbol{x})=\boldsymbol{h}(\boldsymbol{x})-(\boldsymbol{A}+\boldsymbol{A}_\theta)\boldsymbol{x}$ 表示 $\boldsymbol{h}(\boldsymbol{x})$的高阶非线性分量;$\boldsymbol{B}$ 和 $\boldsymbol{B}_\theta$ 分别表示 $\boldsymbol{B}_1$ 的确定和不确定的部分。式(6.4)中的下标 θ 代表含有参数不确定性的矩阵。$\boldsymbol{A}$,$\boldsymbol{A}_\theta$,$\boldsymbol{B}$,$\boldsymbol{B}_\theta$ 分别为

$$\boldsymbol{A} = \begin{bmatrix} 0 & 0 & 1 & 0 \\ 0 & 0 & 0 & 1 \\ \dfrac{Pc}{J_{xy0}} & 0 & 0 & -\dfrac{J_{z0}\omega_z}{J_{xy0}} \\ 0 & \dfrac{Pc}{J_{xy0}} & \dfrac{J_{z0}\omega_z}{J_{xy0}} & 0 \end{bmatrix}$$

$$
\boldsymbol{A}_\theta=\begin{bmatrix}
0 & 0 & 0 & 0\\
0 & 0 & 0 & 0\\
-\dfrac{Pc\theta_1}{J_{xy0}(J_{xy0}+\theta_1)} & 0 & 0 & -\dfrac{\omega_z(J_{xy0}\theta_2-J_{z0}\theta_1)}{J_{xy0}(J_{xy0}+\theta_1)}\\
0 & -\dfrac{Pc\theta_1}{J_{xy0}(J_{xy0}+\theta_1)} & \dfrac{\omega_z(J_{xy0}\theta_2-J_{z0}\theta_1)}{J_{xy0}(J_{xy0}+\theta_1)} & 0
\end{bmatrix}
$$

$$
\boldsymbol{B}=\begin{bmatrix}
0 & 0\\
0 & 0\\
\dfrac{1}{J_{xy0}} & 0\\
0 & \dfrac{1}{J_{xy0}}
\end{bmatrix},\quad
\boldsymbol{B}_\theta=\begin{bmatrix}
0 & 0\\
0 & 0\\
-\dfrac{\theta_1}{J_{xy0}(J_{xy0}+\theta_1)} & 0\\
0 & -\dfrac{\theta_1}{J_{xy0}(J_{xy0}+\theta_1)}
\end{bmatrix}
$$

接下来,定义

$$
\boldsymbol{f}(t,\boldsymbol{x}(t))\overset{\text{def}}{=}\boldsymbol{f}_1(x)+\boldsymbol{A}_\theta\boldsymbol{x}(t)+\boldsymbol{B}_\theta\boldsymbol{u}(t) \tag{6.5}
$$

以及

$$
\boldsymbol{u}\overset{\text{def}}{=}\boldsymbol{u}_{\text{m}}+\boldsymbol{u}_{\text{ad}} \tag{6.6}
$$

其中$\boldsymbol{u}_{\text{m}}=-\boldsymbol{K}_{\text{m}}\boldsymbol{x}(t)\in\mathbb{R}^{2\times1}$是一个线性状态反馈(即第5章中基于陀螺效应的转子定位控制算法。此处为了方便下文讨论,反馈增益矩阵采用了与第5章相反的符号规定),使得线性化系统的确定部分$\boldsymbol{A}_{\text{m}}$经过$\boldsymbol{u}_{\text{m}}$的作用能够稳定,即$\boldsymbol{A}_{\text{m}}\overset{\text{def}}{=}\boldsymbol{A}-\boldsymbol{B}\boldsymbol{K}_{\text{m}}$的所有特征根均位于S左半开平面;$\boldsymbol{u}_{\text{m}}$表示自适应输入,用来补偿未知参数、系统非线性以及其他扰动的影响。$\boldsymbol{f}(t,\boldsymbol{x}(t))$表征了包含系统非线性和参数不确定性在内的整体不确定性。引入$\boldsymbol{f}(t,\boldsymbol{x}(t))$后,式(6.3)可以重写为

$$
\dot{\boldsymbol{x}}(t)=\boldsymbol{A}\boldsymbol{x}(t)+\boldsymbol{B}(\boldsymbol{u}_{\text{m}}+\boldsymbol{u}_{\text{ad}})+\boldsymbol{f}(t,\boldsymbol{x}(t)),\quad \boldsymbol{x}(0)=\boldsymbol{x}_0 \tag{6.7}
$$

$\boldsymbol{f}(t,\boldsymbol{x})$需要满足以下两个假设:

假设6-1($\boldsymbol{f}(t,\boldsymbol{0})$的有界性)。对$\forall t\geqslant0$,存在$F>0$使得$\boldsymbol{f}(t,\boldsymbol{0})\leqslant F$。

假设6-2(导数的连续和有界性)。对$\forall\delta>0$,只要$\|\boldsymbol{x}\|_\infty\leqslant\delta$,就存在$d_{f_x}(\delta)$,$d_{f_t}(\delta)$,使得

$$
\left\|\frac{\partial \boldsymbol{f}}{\partial \boldsymbol{x}}\right\|_\infty\leqslant d_{f_x}(\delta),\quad \left\|\frac{\partial \boldsymbol{f}}{\partial \boldsymbol{t}}\right\|_\infty\leqslant d_{f_t}(\delta)
$$

在本书所研究的问题中,状态变量$\boldsymbol{x}=\boldsymbol{0}$,就表示转子位于竖直位置。这正是我们的控制目标。因此需要通过控制使得$\boldsymbol{x}=\boldsymbol{0}$是式(6.7)的平衡点。而从定位控制的物理意义上来说,当转子处于竖直位置时,外加的控制力矩也应为零,即$(\boldsymbol{u}_{\text{m}}+\boldsymbol{u}_{\text{ad}})|_{\boldsymbol{x}=\boldsymbol{0}}=\boldsymbol{0}$。因此可以确定,对于任意$t\geqslant0$,均有$\boldsymbol{f}(t,\boldsymbol{0})=\boldsymbol{0}$,故假设6-1是显然能够满足的。对于假设6-2,则是要求$\boldsymbol{f}(t,\boldsymbol{x})$对$\boldsymbol{x}$是连续的,对时间$t$是缓变的。这种假设对于工程实际是合理且有意义的。

我们的控制目标就是寻找一个合适的自适应输入$\boldsymbol{u}_{\text{ad}}$,使得式(6.1)所确定的系统是有界输入有界状态(BIBS)稳定的。

6.4 基于$\mathscr{L}_1$自适应控制理论的转子定位控制研究

6.4.1 系统的基本转化

对于非线性映射 $f:[0,+\infty)\times\mathbb{R}^n\to\mathbb{R}$，如果其满足假设 6-1 和假设 6-2，那么，有如下结论：

命题(非线性系统的线性化定理[92]) 令 $\boldsymbol{x}(t)$是一个对所有 $t\geqslant 0$ 的连续可微函数。若对所有的 $\tau\geqslant 0$，均存在正实数 δ 和 d_x，使得 $\|\boldsymbol{x}_\tau\|_{\mathscr{L}_\infty}\leqslant\delta$ 且 $\|\dot{\boldsymbol{x}}_\tau\|_{\mathscr{L}_\infty}\leqslant d_x$，则存在连续可微函数 $\theta(t)$和 $\sigma(t)$使得对 $\forall\, t\in[0,\tau]$，有

$$f(t,\boldsymbol{x}(t))=\theta(t)\|\boldsymbol{x}(t)\|_{\mathscr{L}_\infty}+\sigma(t) \tag{6.8}$$

其中

$$|\theta(t)|<\theta_\delta,\quad |\dot{\theta}(t)|<d_\theta$$

$$|\sigma(t)|<\sigma_b,\quad |\dot{\sigma}(t)|<d_\sigma$$

$\theta_\delta\overset{\text{def}}{=}d_{f_x}(\delta)$，$\sigma_b\overset{\text{def}}{=}F+\varepsilon$，$\varepsilon$ 为一个大于 0 的常数，d_θ，d_σ 为可计算的边界。

证明：为了完成这个证明，需要分三步。首先证明在 $t=0$ 时式(6.8)成立，接下来构造关于 $\theta(t)$和 $\sigma(t)$的微分方程，使其满足式(6.8)的形式，最后证明构造出的 $\theta(t)$和 $\sigma(t)$满足相应的有界性要求。

(1) $t=0$ 时式(6.8)的验证

根据假设 6-2 可知，对于任意 $\|\boldsymbol{x}\|_{\mathscr{L}_\infty}\leqslant\delta$，有

$$|f(t,\boldsymbol{x})-f(t,0)|\leqslant d_{f_x}(\delta)\|\boldsymbol{x}\|_{\mathscr{L}_\infty} \tag{6.9}$$

接下来，取 $t=0$，则根据式(6-9)和假设 6-1，有

$$|f(0,\boldsymbol{x}(0)|\leqslant d_{f_x}(\delta)\|\boldsymbol{x}(0)\|_{\mathscr{L}_\infty}+F<d_{f_x}(\delta)\|\boldsymbol{x}(0)\|_{\mathscr{L}_\infty}+F+\varepsilon \tag{6.10}$$

这就说明对 $t=0$，存在 $\theta(t)$和 $\delta(t)$使得

$$|\theta(0)|<\theta_\delta,\quad |\sigma(0)|<\sigma_b \tag{6.11}$$

且

$$f(0,\boldsymbol{x}(0))=\theta(0)\|\boldsymbol{x}(0)\|_{\mathscr{L}_\infty}+\sigma(0) \tag{6.12}$$

(2) $\theta(t)$和 $\delta(t)$的构造

构造 $\theta(t)$和 $\delta(t)$满足如下的动态

$$\begin{bmatrix}\dot{\theta}(t)\\ \dot{\sigma}(t)\end{bmatrix}=\boldsymbol{A}_\eta^{-1}(t)\begin{bmatrix}\dfrac{\mathrm{d}f(t,\boldsymbol{x}(t))}{\mathrm{d}t}-\theta(t)\dfrac{\mathrm{d}\|\boldsymbol{x}(t)\|_\infty}{\mathrm{d}t}\\ 0\end{bmatrix} \tag{6.13}$$

其中

$$\boldsymbol{A}_\eta(t)=\begin{bmatrix}\|\boldsymbol{x}\|_\infty & 1\\ -(\sigma_b-|\sigma(t)|) & \theta_\delta-|\theta(t)|\end{bmatrix} \tag{6.14}$$

而式(6.13)的初始条件为式(6.12)。

$\boldsymbol{A}_\eta$ 的行列式为

$$\det(\boldsymbol{A}_\eta(t)) = \| x(t) \|_{\mathscr{L}_\infty}(\theta_\delta - |\theta(t)|) + \sigma_b - \sigma(t) \tag{6.15}$$

若

$$|\theta(t)| < \theta_\delta, \quad |\sigma(t)| < \sigma_b \tag{6.16}$$

则对所有 $t \in [0, \bar{\tau})$，都有 $\det(\boldsymbol{A}_\eta(t)) \neq 0$，其中 $\bar{\tau}$ 为任意常数或∞。因此，根据式(6.12)、式(6.13)，可以得到，对所有 $t \in [0, \bar{\tau})$，均有

$$\begin{cases} \dfrac{\mathrm{d}f(t, x(t))}{\mathrm{d}t} = \dfrac{\mathrm{d}(\theta(t) \| \boldsymbol{x}(t) \|_\infty + \sigma(t))}{\mathrm{d}t} \\ \dfrac{\dot{\sigma}(t)}{\sigma_b - |\sigma(t)|} = \dfrac{\dot{\theta}(t)}{\theta_\delta - |\theta(t)|} \end{cases} \tag{6.17}$$

对式(6.17)积分，可以得到

$$f(t, \boldsymbol{x}(t)) = \theta \| \boldsymbol{x}(t) \|_{\mathscr{L}_\infty} + \sigma(t) \tag{6.18}$$

$$\int_0^{\bar{\tau}-} \frac{\dot{\sigma}(t)}{\sigma_b - |\sigma(t)|} \mathrm{d}t = \int_0^{\bar{\tau}-} \frac{\dot{\theta}(t)}{\theta_\delta - |\theta(t)|} \mathrm{d}t \tag{6.19}$$

其中，$\int_0^{\bar{\tau}-} (\cdot) \mathrm{d}t \overset{\text{def}}{=} \lim\limits_{\xi \to \bar{\tau}-} \int_0^{\bar{\tau}-} (\cdot) \mathrm{d}t$。

接下来假设 $|\sigma(t)| < \sigma_b$，则式(6.19)的左侧可以化为

$$\begin{aligned} \int_0^{\bar{\tau}-} \frac{\dot{\sigma}(t)}{\sigma_b - |\sigma(t)|} \mathrm{d}t &= \int_0^{\bar{\tau}-} \frac{1}{\sigma_b - |\sigma(t)|} \frac{\mathrm{d}(\operatorname{sgn}(\sigma(t)) |\sigma(t)|}{\mathrm{d}t} \mathrm{d}t \\ &= \lim_{t \to \bar{\tau}-} (\operatorname{sgn}(\sigma(t)) \ln(\sigma_b - |\sigma(t)|)) - \\ &\quad \operatorname{sgn}(\sigma(0)) \ln(\sigma_b - |\sigma(0)|) \end{aligned} \tag{6.20}$$

类似地，当我们假设 $|\theta(t)| < \theta_\delta$，则式(6.19)的右侧可以化为

$$\int_0^{\bar{\tau}-} \frac{\dot{\theta}(t)}{\theta_\delta - |\theta(t)|} \mathrm{d}t = \lim_{t \to \bar{\tau}-} (\operatorname{sgn}(\theta(t)) \ln(\theta_\delta - |\theta(t)|)) - \operatorname{sgn}(\theta(t)) \ln(\theta_\delta - |\theta(0)|) \tag{6.21}$$

通过上述这些关系，可以把式(6.19)重写为

$$\begin{aligned} &\lim_{t \to \bar{\tau}} (\operatorname{sgn}(\sigma(t)) \ln(\sigma_b - |\sigma(t)|)) - \operatorname{sgn}(\sigma(0)) \ln(\sigma_b - |\sigma(0)|) \\ = &\lim_{t \to \bar{\tau}} (\operatorname{sgn}(\theta(t)) \ln(\theta_\delta - |\theta(t)|)) - \operatorname{sgn}(\theta(t)) \ln(\theta_\delta - |\theta(0)|) \end{aligned} \tag{6.22}$$

(3) $\theta(t)$ 和 $\delta(t)$ 有界性的证明

接下来用反证法证明有界性，即式(6.16)。

如果式(6.16)不成立，则存在一个时刻 $T \in [0, \bar{\tau}]$，使得下列情况之一成立：

$$\lim_{t \to T} |\theta(t)| = \theta_\delta \tag{6.23}$$

或

$$\lim_{t \to T} |\sigma(t)| = \sigma_b \tag{6.24}$$

其中对 $\forall t \in [0, T)$ 均有 $|\theta(t)| < \theta_\delta$，$|\sigma(t)| < \sigma_b$。

若式(6.23)成立，则有

$$\left|\lim_{t\to T}(\mathrm{sgn}(\theta(t))\ln(\theta_\delta-|\theta(t)|))\right|=\infty \tag{6.25}$$

显然，$\mathrm{sgn}(\sigma(0))\ln(\sigma_b-|\sigma(0)|)$ 和 $\mathrm{sgn}(\theta(t))\ln(\theta_\delta-|\theta(0)|)$ 都是有界的，因此，根据式(6.22)可知，只有

$$\left|\lim_{t\to T}(\mathrm{sgn}(\sigma(t))\ln(\sigma_b-|\sigma(t)|))\right|=\infty \tag{6.26}$$

因此也有

$$\lim_{t\to T}|\sigma(t)|=\sigma_b \tag{6.27}$$

根据式(6.18)有

$$\lim_{t\to T}f(t,\boldsymbol{x}(t))=\lim_{t\to T}(\theta(t)\|\boldsymbol{x}(t)\|_\infty+\sigma(t))$$

将式(6.23)和式(6.27)代入上式，有

$$\left|\lim_{t\to T}f(t,\boldsymbol{x}(t))\right|=|f(T,\boldsymbol{x}(T))|=\theta_\delta\|\boldsymbol{x}(T)\|_\infty+\sigma_b \tag{6.28}$$

然而，根据假设 6-1 和式(6.9)，有

$$|f(T,\boldsymbol{x}(T))|\leqslant d_{f_x}(\delta)\|\boldsymbol{x}(T)\|_\infty+F=\theta_\delta\|\boldsymbol{x}(T)\|_\infty+\sigma_b-\varepsilon \tag{6.29}$$

这就与式(6.28)矛盾，因此可知式(6.23)不可能成立。

同样地，也可以证明式(6.24)不可能成立。

综上所述，可知 $\theta(t)$ 和 $\sigma(t)$ 都满足式(6.16)的有界性条件。

最后，若 $\|\dot{\boldsymbol{x}}_\tau\|_{\mathscr{L}_\infty}$ 有界，那么有 $\mathrm{d}f(t,\boldsymbol{x}(t))/\mathrm{d}t$ 和 $\mathrm{d}\|\boldsymbol{x}(t)\|_\infty/\mathrm{d}t$ 都是有界的。同时，由于 $\theta(t)$ 也是有界的，因此 $\mathrm{d}f(t,\boldsymbol{x}(t))/\mathrm{d}t-\theta(t)\mathrm{d}\|\boldsymbol{x}(t)\|_\infty/\mathrm{d}t$ 也就是有界的。因此根据式(6.12)知 $\dot{\theta}(t)$ 和 $\dot{\sigma}(t)$ 都是有界的。从而式(B.1)得证。 □

也就是说，如果非线性不确定性 $\boldsymbol{f}$ 满足假设 6-1 和假设 6-2，那么对于 $\|\boldsymbol{x}_t\|_{\mathscr{L}_\infty}\leqslant\delta$，$\boldsymbol{f}(t,\boldsymbol{x}(t))$ 就能够被线性化成如下的形式：

$$\boldsymbol{f}(t,\boldsymbol{x}(t))=\boldsymbol{B}(\boldsymbol{K}_\theta(t)\|\boldsymbol{x}\|_\infty+\sigma(t)) \tag{6.30}$$

其中 $\boldsymbol{K}_\theta(t)\in\Theta$，$\Theta$ 为一个凸集，且 $\|\boldsymbol{K}_\theta(t)\|_\infty<d_{f_x}(\delta)$，$\|\boldsymbol{\sigma}\|_\infty\leqslant\boldsymbol{F}$。$\boldsymbol{F}$ 和 $d_{f_x}(\delta)$ 分别如假设 6-1 和假设 6-2 所定义；同时存在常数 $d_\theta>0$，使得 $\|\dot{\boldsymbol{K}}_\theta(t)\|<d_\theta$。

由于在本书所讨论的问题中，$\boldsymbol{f}(t,\boldsymbol{0})=\boldsymbol{0}$，因此可以认为 $\sigma(t)=\boldsymbol{0}$。因此，原非线性状态方程式(6.7)就可以写成一个等效的线性时变状态方程

$$\dot{\boldsymbol{x}}=\boldsymbol{A}_\mathrm{m}\boldsymbol{x}+\boldsymbol{B}(\boldsymbol{K}_\theta(t)\|\boldsymbol{x}(t)\|_{\mathscr{L}_\infty}+\boldsymbol{u}_\mathrm{ad}),\quad \boldsymbol{x}(0)=\boldsymbol{x}_0 \tag{6.31}$$

6.4.2 状态预测器

对于经过转化的线性时变系统式(6.31)，可以定义如下的状态预测器模型

$$\dot{\hat{\boldsymbol{x}}}(t)=\boldsymbol{A}_\mathrm{m}\hat{\boldsymbol{x}}(t)+\boldsymbol{B}(\hat{\boldsymbol{K}}_\theta(t)\|\boldsymbol{x}(t)\|_{\mathscr{L}_\infty}+\boldsymbol{u}_\mathrm{ad}),\quad \hat{\boldsymbol{x}}(0)=\boldsymbol{x}_0 \tag{6.32}$$

其中 $\hat{\boldsymbol{x}}\in\mathbb{R}^{4\times1}$ 为预测器状态，$\hat{\boldsymbol{K}}_\theta(t)=\begin{bmatrix}\hat{K}_{\theta1}(t) & \hat{K}_{\theta2}(t)\end{bmatrix}^\mathrm{T}$ 为 $\boldsymbol{K}_\theta(t)$ 的估计值，设 $\hat{\boldsymbol{K}}_\theta(0)\in\Theta$。

6.4.3 $\mathscr{L}_1$ 自适应控制算法

为了便于描述 $\mathscr{L}_1$ 自适应算法，首先需要引入凸集上的投影算子 Proj(· , ·)的概念。

定义：Proj(· , ·)为凸集上的投影算子[76]，即对于一个有平滑边界的凸集

$$\Omega_c \overset{\text{def}}{=} \{\boldsymbol{\theta} \in \mathbb{R}^n \mid f(\boldsymbol{\theta}) \leqslant c\}, \quad 0 \leqslant c \leqslant 1 \tag{6.33}$$

以及定义在其上的一个函数 $f:\mathbb{R}^n \to \mathbb{R}$：

$$\boldsymbol{f}(\boldsymbol{\theta}) \overset{\text{def}}{=} \frac{(\varepsilon_{\boldsymbol{\theta}}+1)\boldsymbol{\theta}^{\mathrm{T}}\boldsymbol{\theta}-\boldsymbol{\theta}_{\max}^2}{\boldsymbol{\theta}_{\max}^2} \tag{6.34}$$

其中 $\boldsymbol{\theta}_{\max}$ 为 $\boldsymbol{\theta}$ 的某种范数的界，$\varepsilon_{\boldsymbol{\theta}}$ 为一个大于零的常数。那么，投影算子定义为

$$\operatorname{Proj}(\boldsymbol{\theta},\boldsymbol{y})=\begin{cases}\boldsymbol{y} & f(\boldsymbol{\theta})<0\\ \boldsymbol{y} & f(\boldsymbol{\theta})\geqslant 0 \text{ 且 } \nabla \boldsymbol{f}^{\mathrm{T}}\boldsymbol{y}\leqslant 0\\ \boldsymbol{y}-\dfrac{\nabla \boldsymbol{f}}{\|\nabla \boldsymbol{f}\|}\left\langle \dfrac{\nabla \boldsymbol{f}}{\|\nabla \boldsymbol{f}\|},\boldsymbol{y}\right\rangle f(\boldsymbol{\theta}) & f(\boldsymbol{\theta})\geqslant 0 \text{ 且 } \nabla \boldsymbol{f}^{\mathrm{T}}\boldsymbol{y}>0\end{cases} \tag{6.35}$$

其中 $\boldsymbol{y}\in\mathbb{R}^n$。 □

投影算子具有如下性质：对于 $\boldsymbol{y}\in\mathbb{R}^n$，$\boldsymbol{\theta}^*\in\boldsymbol{\Omega}_0\subset\boldsymbol{\Omega}_1\subset\mathbb{R}^n$，且 $\boldsymbol{\theta}\in\boldsymbol{\Omega}_1$，有

$$(\boldsymbol{\theta}-\boldsymbol{\theta}^*)^{\mathrm{T}}(\operatorname{Proj}(\boldsymbol{\theta},\boldsymbol{y})-\boldsymbol{y})\leqslant 0 \tag{6.36}$$

有了投影算子，自适应律就可以表示为

$$\dot{\hat{\boldsymbol{K}}}_{\boldsymbol{\theta}}=\Gamma\operatorname{Proj}(\hat{\boldsymbol{K}}_{\boldsymbol{\theta}},-\boldsymbol{B}^{\mathrm{T}}\boldsymbol{Pe}\|\boldsymbol{x}(t)\|_{\mathscr{L}_\infty}),\quad \hat{\boldsymbol{K}}_{\boldsymbol{\theta}}(0)=\hat{\boldsymbol{K}}_{\boldsymbol{\theta}0}\in\Theta \tag{6.37}$$

其中 Γ 为自适应增益，$\boldsymbol{Pe}\in\mathbb{R}^{4\times4}$ 为使得李雅普诺夫方程

$$\boldsymbol{A}_{\mathrm{m}}^{\mathrm{T}}\boldsymbol{P}+\boldsymbol{PA}_{\mathrm{m}}=-\boldsymbol{Q}<\boldsymbol{0} \tag{6.38}$$

成立的正定矩阵，$\boldsymbol{e}(t)=\hat{\boldsymbol{x}}(t)-\boldsymbol{x}(t)$ 为系统预测误差。投影算子 Proj(·,·)确保了 $\hat{\boldsymbol{K}}_{\boldsymbol{\theta}}(t)\in\Theta$。

取自适应输入为

$$\boldsymbol{u}_{\mathrm{ad}}(s)=-\boldsymbol{C}(s)(\hat{\boldsymbol{\eta}}(s)+\boldsymbol{r}_g) \tag{6.39}$$

其中 $\boldsymbol{C}(s)$ 为一个低通滤波器，$\hat{\boldsymbol{\eta}}(t)=\hat{\boldsymbol{K}}_\theta(t)\|\boldsymbol{x}(t)\|_{\mathscr{L}_\infty}$，$\boldsymbol{r}_g$ 为参考输入。由于本问题的控制目标是转子位于竖直位置，即 $\boldsymbol{x}=0$ 时 $\boldsymbol{u}_{\mathrm{ad}}=0$，因此，$\boldsymbol{r}_g=[0\quad 0]^{\mathrm{T}}$。

$\mathscr{L}_1$ 自适应控制的框图如图 6-4 所示。从图中可以看出，目标系统为式(6.31)所示的等效线性时变系统，自适应信号 $\boldsymbol{u}_{\mathrm{ad}}$ 为其输入信号，用于克服参数不确定性以及非线性的影

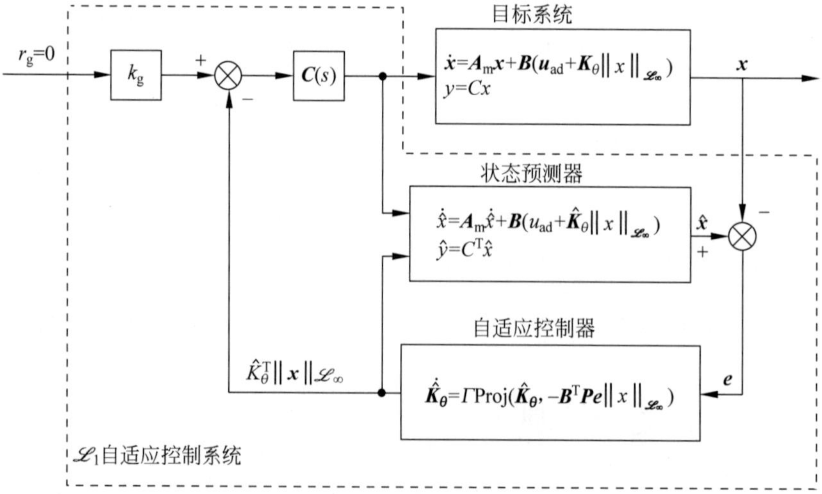

图 6-4　$\mathscr{L}_1$ 自适应控制系统框图

响。$\boldsymbol{u}_{\mathrm{ad}}$ 根据参数估计值 $\hat{\boldsymbol{K}}_{\boldsymbol{\theta}}(t)$和状态变量的 $\mathscr{L}_\infty$范数 $\|\boldsymbol{x}(t)\|_{\mathscr{L}_\infty}$ 的乘积经过一个滤波器 $\boldsymbol{C}(s)$而得到。自适应信号同时作用于状态预测器式(6.32),得到状态估计 $\hat{\boldsymbol{x}}(t)$。当目标系统状态 $\boldsymbol{x}$ 和状态预测器的状态 $\hat{\boldsymbol{x}}$ 存在误差 $\boldsymbol{e}=\hat{\boldsymbol{x}}-\boldsymbol{x}$ 时,以投影算子为工具自适应地在线调整参数估计值 $\hat{\boldsymbol{K}}_{\boldsymbol{\theta}}(t)$,从而修正自适应输入 $\boldsymbol{u}_{\mathrm{ad}}$,使得状态预测误差 $\|\boldsymbol{e}\|$ 和参数误差 $\|\hat{\boldsymbol{K}}_{\boldsymbol{\theta}}-\boldsymbol{K}_{\boldsymbol{\theta}}\|$ 向减小的趋势演化,以保证系统稳定工作并改善性能指标。系统的状态预测误差和参数估计误差是反映自适应控制系统的重要性能指标。自适应控制系统的稳定性是系统设计必须关注的关键性问题。下面将对这些问题进行严谨的理论分析。

6.5 $\mathscr{L}_1$自适应控制系统的性能分析

6.5.1 系统误差和参数误差的有界性

用式(6.32)减去式(6.31),可得系统的**误差方程**为

$$\dot{\boldsymbol{e}}(t)=\boldsymbol{A}_{\mathrm{m}}\boldsymbol{e}(t)+\boldsymbol{B}\boldsymbol{\theta}_e(t)\|\boldsymbol{x}(t)\|_{\mathscr{L}_\infty},\quad \boldsymbol{e}(0)=\boldsymbol{0} \tag{6.40}$$

其中$\boldsymbol{\theta}_e(t)=\hat{\boldsymbol{K}}_{\boldsymbol{\theta}}(t)-\boldsymbol{K}_{\boldsymbol{\theta}}(t)$。接下来讨论式(6.40)的稳定性。首先给出下面的结论。

命题 6-1 当自适应律式(6.37)满足时,式(6.40)所确定的预测误差 $\boldsymbol{e}$ 满足如下的有界性关系:

$$\|\boldsymbol{e}\|_{\mathscr{L}_\infty}\leqslant\sqrt{\frac{\theta_m}{\lambda_{\min}(\boldsymbol{P})\Gamma}} \tag{6.41}$$

其中

$$\theta_m \overset{\text{def}}{=} 4\max_{\boldsymbol{\vartheta}\in\Theta}\|\boldsymbol{\vartheta}\|^2+4\frac{\lambda_{\max}(\boldsymbol{P})}{\lambda_{\min}(\boldsymbol{Q})}(d_\theta\max_{\boldsymbol{\vartheta}\in\Theta}\|\boldsymbol{\vartheta}\|)$$

证明:取如下的正定函数:

$$V(\boldsymbol{e}(t),\boldsymbol{\theta}_e(t))=\boldsymbol{e}^{\mathrm{T}}(t)\boldsymbol{P}\boldsymbol{e}(t)+\frac{1}{\Gamma}\boldsymbol{\theta}_e^{\mathrm{T}}(t)\boldsymbol{\theta}_e(t) \tag{6.42}$$

首先,对于 $t=0$,有

$$V(\boldsymbol{e}(0),\boldsymbol{\theta}_e(0))=\frac{1}{\Gamma}\boldsymbol{\theta}_e^{\mathrm{T}}(0)\boldsymbol{\theta}_e(0)\leqslant\frac{1}{\Gamma}\max_{\boldsymbol{\vartheta}\in\Theta}\|\boldsymbol{\vartheta}\|^2\leqslant\frac{\theta_m}{\Gamma} \tag{6.43}$$

而 V 对时间 t 的导数为

$$\begin{aligned}\dot{V}(\boldsymbol{e},\boldsymbol{\theta}_e)&=\dot{\boldsymbol{e}}^{\mathrm{T}}\boldsymbol{P}\boldsymbol{e}+\boldsymbol{e}^{\mathrm{T}}\boldsymbol{P}\dot{\boldsymbol{e}}+\frac{2}{\Gamma}\boldsymbol{\theta}_e\dot{\hat{\boldsymbol{K}}}_{\boldsymbol{\theta}}-\frac{2}{\Gamma}\boldsymbol{\theta}_e\dot{\boldsymbol{K}}_{\boldsymbol{\theta}}\\&=-\boldsymbol{e}^{\mathrm{T}}\boldsymbol{Q}\boldsymbol{e}+2\boldsymbol{\theta}_e(\boldsymbol{B}^{\mathrm{T}}\boldsymbol{P}\boldsymbol{e}\|\boldsymbol{x}\|_{\mathscr{L}_\infty}+\\&\qquad\operatorname{Proj}(\hat{\boldsymbol{K}}_{\boldsymbol{\theta}},-\boldsymbol{B}^{\mathrm{T}}\boldsymbol{P}\boldsymbol{e}\|\boldsymbol{x}\|_{\mathscr{L}_\infty}))-\frac{2}{\Gamma}\boldsymbol{\theta}_e\dot{\boldsymbol{K}}_{\boldsymbol{\theta}}\end{aligned} \tag{6.44}$$

根据 6.2.5 节中投影算子的性质可知,上式右边的第二项存在如下关系

$$2\boldsymbol{\theta}_e(\boldsymbol{B}^{\mathrm{T}}\boldsymbol{P}\boldsymbol{e}\|\boldsymbol{x}\|_{\mathscr{L}_\infty}+\operatorname{Proj}(\hat{\boldsymbol{K}}_{\boldsymbol{\theta}},-\boldsymbol{B}^{\mathrm{T}}\boldsymbol{P}\boldsymbol{e}\|\boldsymbol{x}\|_{\mathscr{L}_\infty}))\leqslant 0 \tag{6.45}$$

因此

$$\dot{V}(\boldsymbol{e},\boldsymbol{\theta}_e)\leqslant -\boldsymbol{e}^{\mathrm{T}}\boldsymbol{Q}\boldsymbol{e}-\frac{2}{\Gamma}\boldsymbol{\theta}_e\dot{\boldsymbol{K}}_{\boldsymbol{\theta}}\leqslant -\boldsymbol{e}^{\mathrm{T}}\boldsymbol{Q}\boldsymbol{e}+\frac{2}{\Gamma}\|\boldsymbol{\theta}_e\dot{\boldsymbol{K}}_{\boldsymbol{\theta}}\| \tag{6.46}$$

而

$$\|\boldsymbol{\theta}_e\dot{\boldsymbol{K}}_{\boldsymbol{\theta}}\|\leqslant\|\boldsymbol{\theta}_e\|\|\dot{\boldsymbol{K}}_{\boldsymbol{\theta}}\|\leqslant 2\max_{\boldsymbol{\vartheta}\in\Theta}\|\boldsymbol{\vartheta}\|\cdot d_\theta \tag{6.47}$$

同时，由于 $\hat{\boldsymbol{K}}_{\boldsymbol{\theta}}$ 是通过投影算子 Proj(· , ·)得到的，因此，对 $\forall\tau>0$，有

$$\frac{1}{\Gamma}\boldsymbol{\theta}_e(\tau)^{\mathrm{T}}\boldsymbol{\theta}_e(\tau)\leqslant\frac{4}{\Gamma}\max_{\boldsymbol{\vartheta}\in\Theta}\|\boldsymbol{\vartheta}\|^2 \tag{6.48}$$

此时，如果有 $V(\tau)>\theta_m/\Gamma$，则根据式(6.42)和式(6.48)，有

$$\boldsymbol{e}^{\mathrm{T}}(\tau)\boldsymbol{P}\boldsymbol{e}(\tau)>4\frac{\lambda_{\max}(\boldsymbol{P})}{\Gamma\lambda_{\min}(\boldsymbol{Q})}\max_{\boldsymbol{\vartheta}\in\Theta}\|\boldsymbol{\vartheta}\|d_\theta \tag{6.49}$$

因此，有

$$\boldsymbol{e}^{\mathrm{T}}(\tau)\boldsymbol{Q}\boldsymbol{e}(\tau)\geqslant\frac{\lambda_{\min}(\boldsymbol{Q})\boldsymbol{e}^{\mathrm{T}}(\tau)\boldsymbol{Q}\boldsymbol{e}(\tau)}{\lambda_{\max}(\boldsymbol{P})}>\frac{4}{\Gamma}\max_{\boldsymbol{\vartheta}\in\Theta}\|\boldsymbol{\vartheta}\| \tag{6.50}$$

所以，如果 $V(\tau)>\theta_m/\Gamma$，则从式(6.46)和式(6.50)可知，必有

$$\dot{V}(\tau)<0 \tag{6.51}$$

故而根据式(6.51)可知，对 $\forall t\geqslant 0$，均有

$$V(t)\leqslant\frac{\theta_m}{\Gamma} \tag{6.52}$$

同时，由于 $\lambda_{\min}(\boldsymbol{P})\|\boldsymbol{e}(t)\|_{\mathscr{L}_\infty}^2\leqslant\boldsymbol{e}^{\mathrm{T}}(t)\boldsymbol{P}\boldsymbol{e}(t)\leqslant V(t)$，因此

$$\|\boldsymbol{e}(t)\|_{\mathscr{L}_\infty}^2\leqslant\frac{\theta_m}{\lambda_{\min}(\boldsymbol{P})\Gamma},\quad\forall t\geqslant 0 \tag{6.53}$$

从而式(6.41)得证。 □

根据式(6.42)和式(6.52)可知，系统的参数误差满足

$$\frac{1}{\Gamma}\boldsymbol{\theta}_e^{\mathrm{T}}\boldsymbol{\theta}_e=V-\boldsymbol{e}^{\mathrm{T}}\boldsymbol{P}\boldsymbol{e}\leqslant V\leqslant\frac{\theta_m}{\Gamma} \tag{6.54}$$

因此有

$$\|\boldsymbol{\theta}_e\|_\infty\leqslant\sqrt{\theta_m} \tag{6.55}$$

说明参数误差也是有界的。

6.5.2 系统的 BIBS 稳定性

为了考察 $\boldsymbol{x}(t)$的有界性，首先考虑如下的理想系统：

$$\dot{\boldsymbol{x}}_{\mathrm{id}}(t)=\boldsymbol{A}_{\mathrm{m}}\boldsymbol{x}_{\mathrm{id}}(t)+\boldsymbol{B}(\boldsymbol{K}_\theta(t)\|\boldsymbol{x}_{\mathrm{id}}(t)\|_{\mathscr{L}_\infty}+\boldsymbol{u}_{\mathrm{id}}(t)),\quad\boldsymbol{x}_{\mathrm{id}}(0)=\boldsymbol{x}_0 \tag{6.56}$$

输入方程为

$$\boldsymbol{u}_{\mathrm{id}}(s)=-\boldsymbol{C}(s)\boldsymbol{\eta}(s) \tag{6.57}$$

其中 $\boldsymbol{\eta}(t)=\boldsymbol{K}_{\boldsymbol{\theta}}(t)\|\boldsymbol{x}_{\mathrm{id}}(t)\|_{\mathscr{L}_\infty}$，$\boldsymbol{\eta}(s)$表示其拉普拉斯变换。

定义 $G(s)\stackrel{\mathrm{def}}{=}(s\mathbb{I}_4-\boldsymbol{A}_{\mathrm{m}})^{-1}\boldsymbol{B}(s\mathbb{I}_2-\boldsymbol{C}(s))$，其中$\mathbb{I}_k$ 表示 k 阶单位矩阵，$L=\max_{\boldsymbol{\vartheta}\in\Theta}\|\boldsymbol{\vartheta}\|_1$，

根据式(6.30)中 $\boldsymbol{K_\theta}$ 的定义可知，$\|\boldsymbol{K}_\theta\|_{\mathscr{L}_\infty}\leqslant L$。可以证明，式(6.56)所确定的系统在 $\|G(s)\|_{\mathscr{L}_1}L<1$ 的条件下是BIBS稳定的。

证明：根据上面定义的 $G(s)$，对式(6.56)两端分别作拉普拉斯变换，得

$$s\boldsymbol{x}_{\text{id}}(s)-\boldsymbol{x}(0)=\boldsymbol{A}_{\text{m}}\boldsymbol{x}_{\text{id}}(s)+\boldsymbol{B}(s\mathbb{I}_2-\boldsymbol{C}(s))\boldsymbol{\eta}(s)$$

整理，得

$$\boldsymbol{x}_{\text{id}}(s)=G(s)\boldsymbol{\eta}(s)+\boldsymbol{x}_{\text{in}}=G(s)\mathfrak{L}(\boldsymbol{K}_\theta(t)\|\boldsymbol{x}_{\text{id}}(t)\|_{\mathscr{L}_\infty})+\boldsymbol{x}_{\text{in}}(s) \tag{6.58}$$

其中 $\boldsymbol{x}_{\text{in}}=(s\mathbb{I}_4-\boldsymbol{A}_{\text{m}})^{-1}\boldsymbol{x}_0$，$\mathfrak{L}(\cdot)$表示拉普拉斯变换。可以证明[76]，对于 $\forall\tau<\infty$，以及 $t\in[0,\tau]$，有

$$\begin{aligned}\|\boldsymbol{x}_{\text{id}\tau}\|_{\mathscr{L}_\infty}&\leqslant\|G(s)\|_{\mathscr{L}_1}\|\boldsymbol{K}_\theta\|\boldsymbol{x}_{\text{id}}(t)\|_{\mathscr{L}_{\infty\tau}}\|_{\mathscr{L}_\infty}+\|\boldsymbol{x}_{\text{in}\tau}\|_{\mathscr{L}_\infty}\\&\leqslant\|G(s)\|_{\mathscr{L}_1}\|\boldsymbol{K}_\theta\|_{\mathscr{L}_\infty}\|\|\boldsymbol{x}_{\text{id}}(t)\|_{\mathscr{L}_{\infty\tau}}\|_{\mathscr{L}_\infty}+\|\boldsymbol{x}_{\text{in}\tau}\|_{\mathscr{L}_\infty}\\&\leqslant\|G(s)\|_{\mathscr{L}_1}L\|\|\boldsymbol{x}_{\text{id}}(t)\|_{\mathscr{L}_{\infty\tau}}\|_{\mathscr{L}_\infty}+\|\boldsymbol{x}_{\text{in}\tau}\|_{\mathscr{L}_\infty}\end{aligned} \tag{6.59}$$

式(6.59)的详细证明过程见后。

根据∞-范数和 $\mathscr{L}_\infty$-范数的定义可知

$$\|\boldsymbol{x}_{\text{id}\tau}\|_{\mathscr{L}_\infty}\leqslant\|\|\boldsymbol{x}_{\text{id}\tau}(t)\|_{\mathscr{L}_\infty}\|_{\mathscr{L}_\infty} \tag{6.60}$$

同时，由于 $\|G(s)\|_{\mathscr{L}_1}L<1$，因此必有

$$\|\boldsymbol{x}_{\text{id}\tau}\|_{\mathscr{L}_\infty}\leqslant\frac{\|\boldsymbol{x}_{\text{in}}\|_{\mathscr{L}_\infty}}{1-\|G(s)\boldsymbol{K}_\theta\|_{\mathscr{L}_1}} \tag{6.61}$$

而根据 $\boldsymbol{x}_{\text{in}}$ 的定义可知，其必定是有界的。所以，$\boldsymbol{x}_{\text{in}}$ 也是有界的。故式(6.56)所确定的系统是BIBS稳定的。 □

式(6.56)所确定的系统就是 $\hat{\boldsymbol{K}}_{\boldsymbol{\theta}}=\boldsymbol{K}_{\boldsymbol{\theta}}$ 时的状态预测器方程式(6.32)。$\boldsymbol{\theta}_e$ 和 $\boldsymbol{x}_{\text{in}}$ 的有界性说明 $\hat{\boldsymbol{x}}$ 也是有界的。同时，考虑到 $\boldsymbol{x}=\hat{\boldsymbol{x}}-\boldsymbol{e}$，其中 $\hat{\boldsymbol{x}}$ 也是有界的，因此可以证明，$\boldsymbol{x}$ 也是有界的(详细的证明过程参见文献[76])。也就是说，式(6.1)所确定的系统在 $\mathscr{L}_1$自适应控制器的作用下也是BIBS稳定的。

接下来我们对式(6.59)进行证明。

对于系统

$$\boldsymbol{x}_{\text{id}}(s)=G(s)\boldsymbol{\eta}(s)+\boldsymbol{x}_{\text{in}}(s)$$

根据范数定义，显然有

$$\|\boldsymbol{x}_{\text{id}}(s)\|_{\mathscr{L}_\infty}\leqslant\|G(s)\boldsymbol{\eta}(s)\|_{\mathscr{L}_\infty}+\|\boldsymbol{x}_{\text{in}}(s)\|_{\mathscr{L}_\infty}$$

同时，$\|\boldsymbol{x}_{\text{in}}(s)\|\geqslant0$，因此，要式(6.59)成立，只需证明

$$\|\boldsymbol{x}_{\text{id}}(s)\|_{\mathscr{L}_\infty}\leqslant\|G(s)\|_{\mathscr{L}_1}\|\boldsymbol{\eta}(s)\|_{\mathscr{L}_\infty}$$

取 $\boldsymbol{y}(s)=G(s)\boldsymbol{\eta}(s)$，则这个命题等效于证明不等式

$$\|\boldsymbol{y}_\tau\|_{\mathscr{L}_\infty}\leqslant\|G\|_{\mathscr{L}_1}\|\boldsymbol{\eta}_\tau\|_{\mathscr{L}_\infty}$$

证明：取 $y_i(t)$为 $\boldsymbol{y}(t)$的第 i 个分量，$\eta_j(t)$为$\boldsymbol{\eta}(t)$的第 j 个分量。则对任意 $t\in[t_0,\xi]$，有

$$y_i(t)=\int_{t_0}^{t}\left(\sum_{j=1}^{m}g_{ij}(t-\tau)\eta_j(\tau)\right)\mathrm{d}\tau$$

对于 $y_i(t)$，存在如下的上界

$$
\begin{aligned}
|y_i(t)| &\leqslant \int_{t_0}^{t} \left(\sum_{j=1}^{m} |g_{ij}(t-\tau)|\,|\eta_j(\tau)|\right) \mathrm{d}\tau \\
&\leqslant \max_{j=1,2,\cdots,m} \left(\sup_{t_0 \leqslant \tau \leqslant t} |\eta_j(\tau)|\right) \int_{t_0}^{t} \sum_{j=1}^{m} |g_{ij}(t-\tau)| \mathrm{d}\tau \\
&= \max_{j=1,2,\cdots,m} \left(\sup_{t_0 \leqslant \tau \leqslant t} |\eta_j(\tau)|\right) \sum_{j=1}^{m} \int_{t_0}^{t} |g_{ij}(\tau)| \mathrm{d}\tau \\
&\leqslant \|\boldsymbol{\eta}_t\|_{\mathscr{L}_\infty} \sum_{j=1}^{m} \|g_{ij}\|_{\mathscr{L}_1}, \quad \forall t \in [t_0, \xi]
\end{aligned}
$$

因此，可以得到

$$
\|\boldsymbol{y}_\tau\|_{\mathscr{L}_\infty} = \max_{i=1,2,\cdots,l} \|y_{i\tau}\|_{\mathscr{L}_\infty} \leqslant \|\boldsymbol{\eta}_\tau\|_{\mathscr{L}_\infty} \max_{i=1,2,\cdots,l} \left(\sum_{j=1}^{m} \|g_{ij}\|_{\mathscr{L}_1}\right) = \|G\|_{\mathscr{L}_1} \|\boldsymbol{\eta}_\tau\|_{\mathscr{L}_\infty}
$$

从而式(6.59)得证。如果读者需要进一步研究这个问题，可以参阅相关文献[92]。

6.5.3　自适应系统性能与自适应增益的关系

根据式(6.41)可知，自适应系统的预测误差 $\boldsymbol{e}$ 可以通过增大 $\lambda_{\min}(\boldsymbol{P})$ 或增大 Γ 来减小。$\lambda_{\min}(\boldsymbol{P})$ 取决于系统的线性部分 $\boldsymbol{A}_{\mathrm{m}}$，也就是说，通过线性控制得到的 $\boldsymbol{A}_{\mathrm{m}}$ 的稳定裕度越大，则自适应系统的预测误差越小。同样，自适应增益 Γ 越大，预测误差也越小。为了改善自适应系统的性能，可以从这两方面进行改进。实际上，线性控制对于 $\boldsymbol{A}_{\mathrm{m}}$ 极点位置的调整，要受到执行器物理条件的限制。因此，在条件允许时，可以通过加大自适应增益 Γ，一方面减少系统预测误差；另一方面可以使得参数估计值调整较为迅速，能够快速跟踪目标系统参数的变化。

6.6　$\mathscr{L}_1$ 自适应控制系统的仿真

6.6.1　自适应控制系统的仿真

仍然采用表 5-1 中的转子参数作为转子参数的确定部分，首先对 $\mathscr{L}_1$ 自适应控制算法进行仿真。

根据表 5-1 的数据可以计算出，系统式(6.31)的参数为

$$
\boldsymbol{A} = \begin{bmatrix} 0 & 0 & 1 & 0 \\ 0 & 0 & 0 & 1 \\ 161.4 & 0 & 0 & -185.1 \\ 0 & 161.4 & 185.1 & 0 \end{bmatrix}, \quad \boldsymbol{B} = \begin{bmatrix} 0 & 0 \\ 0 & 0 \\ 55.56 & 0 \\ 0 & 55.56 \end{bmatrix} \tag{6.62}
$$

确定性部分的控制输入仍然同式(5.24)，即取

$$\boldsymbol{u}_{\mathrm{m}}=-\boldsymbol{K}_{\mathrm{m}}\boldsymbol{x}=\begin{bmatrix}0 & 100 & 7 & 0\\ -100 & 0 & 0 & 7\end{bmatrix}\boldsymbol{x} \tag{6.63}$$

从而有

$$\boldsymbol{A}_{\mathrm{m}}=\boldsymbol{A}-\boldsymbol{B}\boldsymbol{K}_{\mathrm{m}}=\begin{bmatrix}0 & 0 & 1 & 0\\ 0 & 0 & 0 & 1\\ 161.4 & -5556 & -388.9 & -185.1\\ 5556 & 161.4 & 185.1 & -388.9\end{bmatrix} \tag{6.64}$$

设系统的不确定性为 $\theta_1=0.2J_{xy0}$,$\theta_2=0.2J_{z0}$,取自适应增益 $\Gamma=10\ 000$,低通滤波器

$$\boldsymbol{C}(s)=\begin{bmatrix}\dfrac{3\omega_c^2 s+\omega_c^3}{(s+\omega_c)^3} & 0\\ 0 & \dfrac{3\omega_c^2 s+\omega_c^3}{(s+\omega_c)^3}\end{bmatrix} \tag{6.65}$$

其中 $\omega_c=50$。

在 MATLAB 环境中按照将式(6.32)、式(6.37)和式(6.39)编写代码进行仿真,可以得到 $\boldsymbol{e}=\hat{\boldsymbol{x}}-\boldsymbol{x}$ 的各个分量的仿真结果如图 6-5 所示。从图中可以看出,在自适应控制器的作用下,误差 $\boldsymbol{e}$ 的各个分量都随着时间逐渐减小。这表明被控系统与状态预测器在自适应律的作用下逐渐趋近,自适应控制算法是有效的。

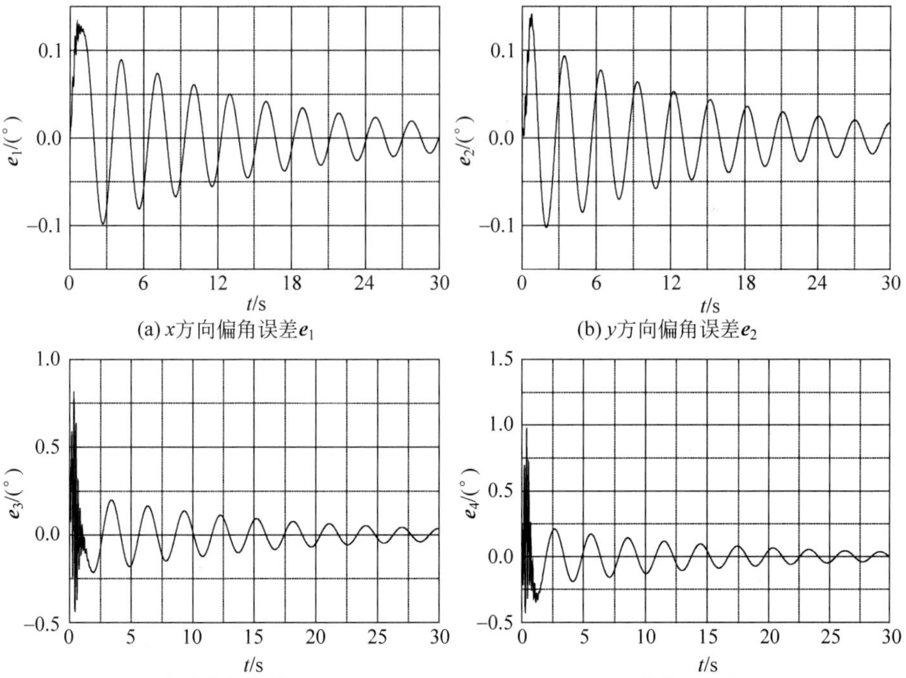

(a) x方向偏角误差$\boldsymbol{e}_1$ (b) y方向偏角误差$\boldsymbol{e}_2$

(c) x方向偏角误差$\boldsymbol{e}_3$ (d) y方向偏角误差$\boldsymbol{e}_4$

图 6-5 预测误差仿真结果

而在不同的自适应增益 Γ 下，自适应律式(6.37)对不确定参数的估计值 $\hat{\boldsymbol{K}}_\theta$ 以及预测误差在 x 方向的分量 $\boldsymbol{e}_1$ 如图6-6所示。从图中可以看出，当 Γ 较大时，不确定参数估计值 $\hat{\boldsymbol{K}}_\theta$ 和预测误差 $\boldsymbol{e}_1$ 的收敛速度都明显加快。且误差的界明显减小。因此，在执行器能够实现的前提下，应当尽量增大 Γ 的值，来加快自适应系统的收敛速度。

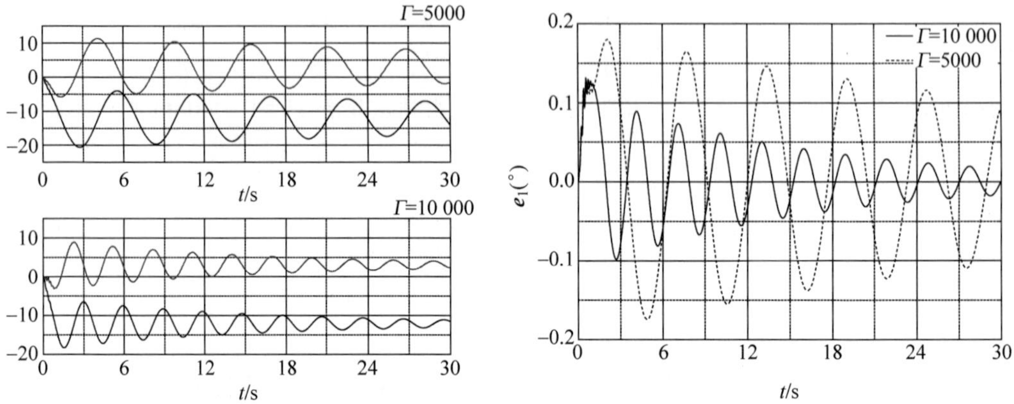

(a) 不同自适应增益下不确定参数估计　　(b) 不同自适应增益下误差收敛

图6-6　不同自适应增益 Γ 下的仿真结果对比

6.6.2　基于自适应控制的转子定位控制系统的仿真

从6.6.1节的图6-5和图6-6的仿真结果可以看出，式(6.37)和式(6.39)所确定的自适应控制律是有效的。但是，6.6.1节的仿真是针对自适应控制算法的理论仿真，主要考查误差和参数估计的收敛性。在6.6.1节仿真的基础上，为了进一步考查基于 $\mathscr{L}_1$ 自适应的定位控制系统的可实现性，以及在更接近真实环境中的自适应控制系统的定位效果，我们重新考虑式(6.7)。更一般地，如果令不确定部分在状态的值 $\boldsymbol{f}(t,\boldsymbol{0})\neq\boldsymbol{0}$，则线性化的不确定系统可以写成

$$\dot{\boldsymbol{x}}=\boldsymbol{A}_{\mathrm{m}}\boldsymbol{x}+\boldsymbol{B}(\boldsymbol{u}_{\mathrm{ad}}+\boldsymbol{K}_\theta\|\boldsymbol{x}\|_\infty+\boldsymbol{\sigma})\tag{6.66}$$

其中 $\boldsymbol{\sigma}$ 表示外界随机干扰，在前文的理论推导中我们认为 $\sigma=\boldsymbol{0}$，而此时，我们考虑更一般的 $\boldsymbol{\sigma}\neq\boldsymbol{0}$ 的情况。

在此条件下，在MATLAB/Simulink中建立式(6.66)的仿真模型。在仿真中，被控对象模型按照式(6.1)的非线性模型建立，而状态预测器仍然采用式(6.32)的形式，在仿真中用一组随机信号向量来表征外界随机干扰 σ，其他参数与6.6.1节相同。

在此条件下，对转子定位控制系统进行仿真，令控制器在 $t=4\mathrm{s}$ 时开始作用，得到系统状态 $\boldsymbol{x}$ 的仿真结果，从而计算得到转子偏离竖直轴的总偏角 $\gamma_{\mathrm{d}}=\sqrt{x_1^2+x_2^2}$ 的波形如图6-7所示。从图中可以看出，当控制器开始作用后($t\geqslant 4\mathrm{s}$)，转子偏离竖直位置的偏角从初始的1°左右减小至0.3°左右。可见，基于 $\mathscr{L}_1$ 自适应控制理论的转子定位控制系统能够有效实现含有不确定性的转子定位功能。

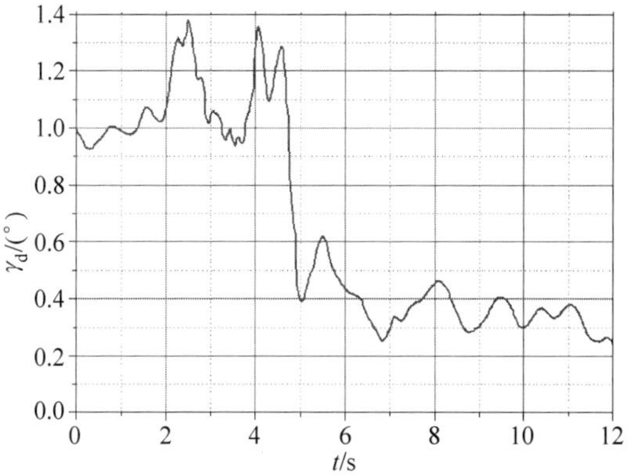

图 6-7 定位控制系统的仿真结果

6.7 本章小结

本章针对转子定位控制系统中存在的不确定性进行了分析，并依据 $\mathscr{L}_1$ 自适应控制理论设计了自适应控制器。转子运行中的不确定性，一方面是来自转子参数的不确定性；另一方面是来自系统中的未建模非线性动态。这些不确定性可以表示成一个关于系统状态的未知非线性函数。而含有非线性不确定性的原始系统可以转化成一个含有未知时变参数的时变系统。针对这个时变系统，本章依照 $\mathscr{L}_1$ 自适应控制的基本理论，通过状态预测器，构建了自适应控制器。接下来，对自适应控制器进行了分析，从理论上证明了状态预测器与等效系统之间的预测误差是有界的，并且与自适应增益 Γ 的平方根成反比。同时，也证明了未知参数预测误差也是有界的，而自适应系统是 BIBS 稳定的。为了检验自适应控制算法的有效性，对自适应系统的理论模型进行了仿真。仿真结果表明：当增大自适应增益时，自适应系统的预测误差和参数误差的收敛性能都将得到改善，同时其误差上界随着自适应增益增大而减小；最后，将自适应控制器应用于定位控制系统，进行了系统仿真，在定位系统存在参数不确定性、非线性动态和外界随机干扰的情况下，转子偏离竖直位置的角度依然能够渐近地减小，表明自适应转子定位控制系统是有效的。

第 7 章 起动时的转子定位控制

第 5 章提出了基于陀螺效应的转子定位控制算法。基于陀螺效应的转子定位控制算法是基于转子运动的力学特性得到的，控制原理比较简单，实现比较容易，控制效果也比较好。第 6 章的 $\mathscr{L}_1$ 自适应控制是在陀螺效应的基础上针对不确定性所提出的，其中针对系统确定性部分的控制策略仍然是基于陀螺效应的。在这两章的讨论中，为了简化推导过程，认为转子的自转角速度是一个常数，即讨论的是转子在自转稳态下的定位控制。当然，无轴承电机在实际工作时，转子大部分时间处于自转稳态，因此前面章节的讨论对于转子定位控制研究仍然具有较强的实际意义。但是，在实际的无轴承电机系统的起动过程中，其转子必然要经历一个从静止加速到额定转速的过程。在这个加速过程中，前面所提出的控制策略是否有效，是本章要讨论的主要问题。

7.1 问题的提出

在第 5 章给出了基于陀螺效应的转子定位算法，并对定位算法进行了分析。分析显示，当转子参数和控制参数满足式(5.23)所示的条件时，才能确保定位控制系统的渐近稳定。式(5.23)是一个多元不等式组，对其进行分析可知，当转子参数满足 $L^2 \geqslant 4M_0J_{xy}$，也就是转子转速高于一定阈值时，控制器的稳定解才有可能存在(需要指出的是，$L^2 \geqslant 4M_0J_{xy}$ 只是控制器解存在的必要条件而非充分条件，因此，实际的能够使转子定位系统渐近稳定的控制器所需要的转速还有可能更高)。这与第 5.1 节中所分析的转子的动力学性能相一致。也就是说，基于陀螺效应的转子定位算法对于转子自转转速极低情况下，是无法有效实现转子定位的功能的。例如，对于表 5-1 中的转子，只有当其自转角速度大于 190r/min 时才有可能实现转子定位。在转速低于 190r/min 时基于陀螺效应的控制算法就可能无法实现转子的定位功能。为说明上述结论，图 7-1 给出了一个转速在约 181r/min 时转子偏离竖直位置偏角的仿真曲线。从图中可以看出，当转子转速较低时，转子的偏角随着时间的演进将会逐渐增大，呈现发散的状态。

在实际的转子定位控制系统运行过程中，转子的起动过程是一个无法避免的过程。转子必然要经历一个转速从零逐渐加速到额定转速的过程。在这个过程中，一方面转子转速较低，另一方面，转子的转速已经不是恒定的，而是处在一个动态过程中。在这个过程中，之前讨论定位控制算法时转子模型所采用的4阶微分方程式(5.1)就不再适用，而只能采用原始的5阶微分方程式(2.18)进行研究。此时，我们所提出的基于转速稳态的转子定位控制算法是否能够起作用，需要进行进一步的研究。

重新引入5阶转子状态方程如下：

$$\begin{cases}\dot{x}_1=\dfrac{x_3}{\cos x_2}\\ \dot{x}_2=x_4\\ \dot{x}_3=\dfrac{Pc}{J_{xy}}\sin x_1\cos x_2-\dfrac{J_z}{J_{xy}}x_4x_5+x_3x_4\tan x_2+\dfrac{M_{xc}}{J_{xy}}\\ \dot{x}_4=\dfrac{Pc}{J_{xy}}\sin x_2-x_3^2\tan x_2+\dfrac{J_z}{J_{xy}}x_3x_5+\dfrac{M_{yc}}{J_{xy}}\\ \dot{x}_5=\dfrac{M_{zc}-k_vx_5-f}{J_z}\end{cases}\tag{7.1}$$

其中，x_5 的状态方程采用式(5.26)所给出的方程，k_v 和 f 分别为阻尼系数和固定阻力矩，转子的转动惯量 J_z 则表征了转子自转的机械时间常数。

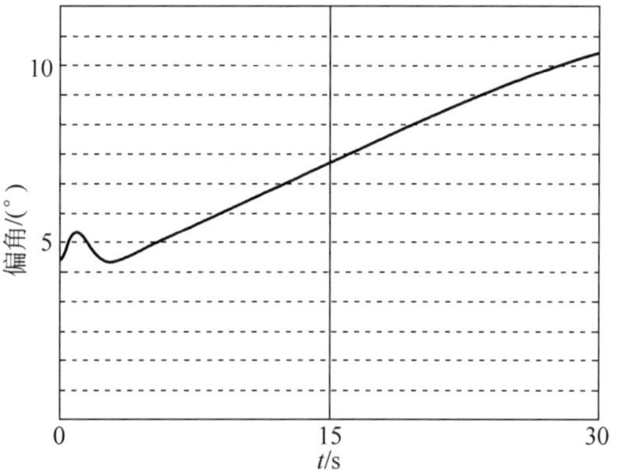

图7-1 低速自转时基于陀螺效应算法的定位仿真结果

我们分别采用第5章和第6章的控制策略，在Simulink中对式(7.1)进行仿真，来比较不同情况下定位控制算法的有效性。为了简单起见，在仿真中取 $k_v=1, f=0$，这样，转子的自转速度稳态值 $x_5^{(0)}=M_{zc}$。同时，在下面的仿真中，暂不考虑其他不确定性对系统的影响。

我们观察如下的一组转子起动过程：转子的自转速度稳态值恒定，但仿真中改变转子的机械时间常数，进行多次计算，以观察转子自转加速度快慢对转子定位系统定位效果的影响。取转子的自转转速稳态值为83.78rad/s(即约800r/min)，转子自转转动惯量 $J_z=0.2\text{kg}\cdot\text{m}^2$，转子的初始偏角为5.38°。可以得到基于陀螺效应和 $\mathscr{L}_1$ 自适应控制的转子偏角曲线如图 7-2 所示。

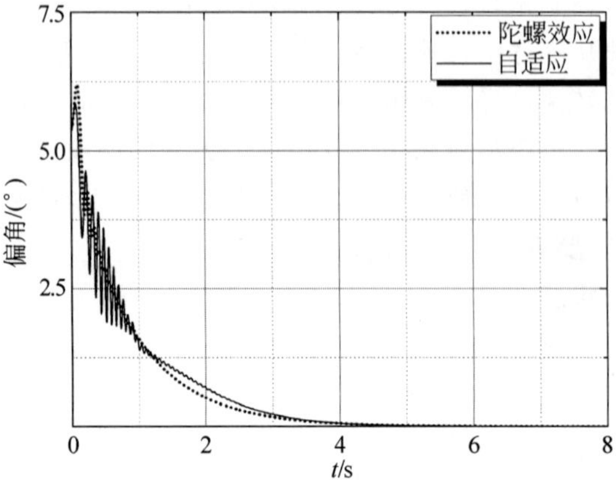

图 7-2 $J_z=0.2$ 时的定位仿真曲线

从图中可以看出,由于转子机械时间常数较小,转子加速较快,此时基于陀螺效应的转子定位算法在开始阶段存在一个较小的超调,即转子偏离竖直位置的偏角先增大;而基于 $\mathscr{L}_1$ 自适应控制的转子定位算法的超调量略小于陀螺效应算法,但在转子加速过程中的定位产生了高频振荡。这个振荡与自适应控制系统中状态预测器的动态调整过程有关。这个振荡表明,当不考虑系统参数的不确定性时,在某些条件下,自适应控制的效果反而未必好于非自适应控制。因此应该根据实际情况选择合适的控制策略。

接下来我们观察转子机械时间常数较大的情况,取 $J_z=0.5\text{kg}\cdot\text{m}^2$,自转速度稳态值和初始偏角不变,可以得到转子起动过程中基于陀螺效应和 $\mathscr{L}_1$ 自适应控制的转子偏角曲线如图 7-3 所示。从图中可以看出,随着转子转动惯量的增加,转子自转的加速过程的减慢。这时,基于陀螺效应的转子定位控制算法所产生的超调量将会更大;而基于 $\mathscr{L}_1$ 自适应控制的定位算法虽然能明显减小这个超调,但是在转子加速过程中的振动也更为明显,振动持续时间也更长。

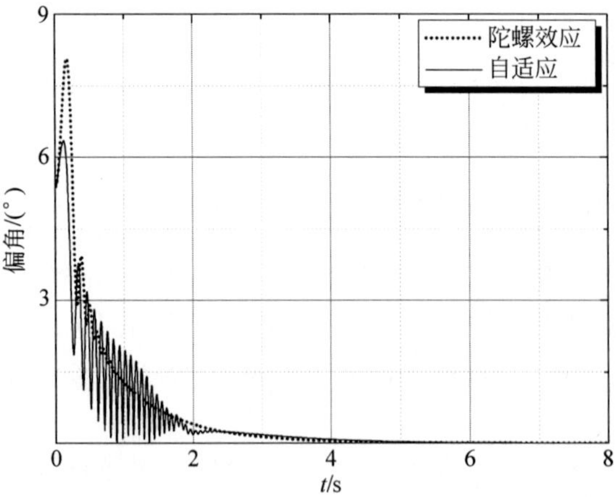

图 7-3 $J_z=0.5$ 时的定位仿真曲线

如果进一步增大转子的机械时间常数，令 $J_z=1\text{kg}\cdot\text{m}^2$，自转速度稳态值和初始偏角不变，可以得到基于陀螺效应和 $\mathscr{L}_1$ 自适应控制的转子偏角曲线如图 7-4 所示。

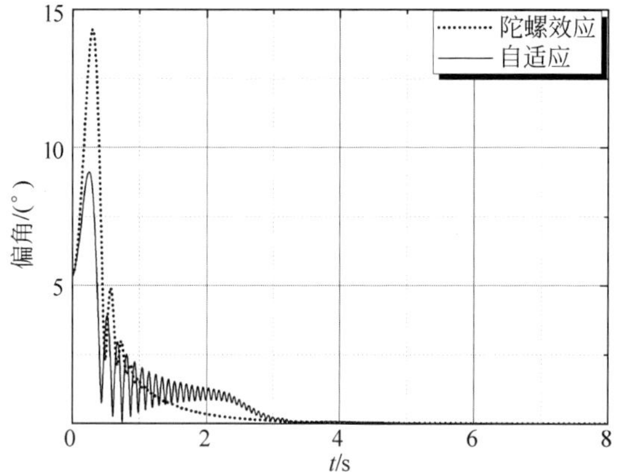

图 7-4 $J_z=1$ 时的定位仿真曲线

从图中可以看出，在转子转动惯量进一步增大时，基于陀螺效应的转子定位算法将会产生一个非常大的超调量，最大偏角达到初值的接近 3 倍；而基于 $\mathscr{L}_1$ 自适应控制的转子定位算法虽然能够有效减小偏角超调量，但是，仍然会产生一个较大的超调量，同时在加速过程中的振动持续时间也会延长。

当转子的转动惯量进一步增大，即转子自转加速过程进一步减慢时，保持转子自转速度稳态值和初始偏角不变，基于陀螺效应的定位算法在起动阶段的偏角峰值将达到 40°以上，而基于 $\mathscr{L}_1$ 自适应控制的转子偏角峰值也在 30°左右。这个偏角已经大大超出了“小角度”概念的范畴，在实际的转子定位系统允许过程中也是不允许出现的。

综合上述情况可以看出，当转子加速较快时，第 5 章、第 6 章所提出的定位控制算法还是能够有效地实现转子的定位功能；但是，当转子加速较慢时，前面提出的定位控制算法就无法有效实现定位功能了，会产生相当大的偏角峰值(陀螺效应方法)或振荡(自适应方法)。对于自适应方法产生振荡的原因前面已经进行了定性分析，这里对造成偏角峰值的原因分析如下：当转子加速较慢时，转子将在一个较长时间内处于低速状态，而低速状态时，基于陀螺效应的转子定位算法是不稳定的(如图 7-1 所示)，从而就造成偏角有增大的趋势。但是，随着转速的上升，使得定位算法很快进入稳定区域，从而偏角在到达一定峰值后开始向减小的趋势变化，最终趋于零。

当偏角增大时，会带来如下问题：①基于陀螺效应的定位控制算法是建立在转子偏离竖直位置角度较小的基础上的，当偏角较大时，其控制算法本身的适用性将变差；②当转子偏离竖直位置的角度过大时，控制力矩的实现也会产生困难，这是因为控制力矩是通过执行器(电磁铁或直线电机定子)的电磁吸引力加在转子上的，在转子偏离竖直位置角度很小的情况下可以近似认为控制力矩就是电磁吸引力与执行器高度的乘积，但当偏角较大时，力矩中就得考虑偏角余弦的问题；③在实际的转子定位装置的工作过程中，过大的偏离角度将会导致转子与外壳的碰撞，因此，偏角最大值必须有所限制。

在第 8 章中，针对定位控制策略进行模拟实验时，我们将采用保护轴承限位的方式来解决上述问题，即在转子起动过程中，使用保护轴承对转子进行“硬”限位，而当转子速度达到一定程度时，再起动定位控制系统对转子进行定位。这种措施虽然确保了实验系统的可靠性，但会使得转子定位系统在起动过程中出现碰撞噪声等问题，造成实验台的额外振动，也使得定位系统的效果受到了一定限制。

那么，寻找一种全转速范围内都能使得系统稳定的控制策略，就是一个具有理论和实际应用价值的研究问题。考虑到转子的状态方程式(5.1)是一个非线性微分方程。此时，非线性系统的反馈线性化方法是一个合适的选择。

非线性系统的线性化，是工程分析中的一种常用方法，经典的线性化方法是取非线性系统在平衡点附近的线性近似系统进行研究。这种线性化方法只适用于系统工作在平衡点的一个邻域内，当系统工作范围增大时，这种方法将会产生较大误差。因此，它不适用于系统状态远离平衡点的非线性系统的控制。克服线性近似方法缺点的一个有效途径是采用通过反馈而实现精确线性化的方法。随着非线性系统微分几何方法研究的进展，针对仿射非线性控制系统通过非线性反馈而实现精确线性化的方法得到了基本解决。接下来，我们将尝试采用反馈线性化方法来处理转子定位控制系统起动阶段的控制问题。

7.2 可反馈线性化条件的验证

我们首先来介绍李导数的概念[99-101]。

考查如下非线性系统

$$\frac{\mathrm{d}\boldsymbol{x}}{\mathrm{d}t}=\boldsymbol{f}(\boldsymbol{x})+\sum_{i=1}^{m}\boldsymbol{g}_i(\boldsymbol{x})\boldsymbol{u}_i(t)$$
$$y_i=h_i(\boldsymbol{x})\quad i=1,2,\cdots,m \tag{7.2}$$

其中，$\boldsymbol{x}\in\boldsymbol{\Omega}\subseteq\mathbb{R}^n$，$\boldsymbol{f}(\boldsymbol{x})$、$\boldsymbol{g}_i(\boldsymbol{x})$是定义在$\boldsymbol{\Omega}$上的光滑向量场。式(7.2)所确定的非线性系统称为**仿射非线性系统**。

设$\boldsymbol{x}\in\boldsymbol{\Omega}\subseteq\mathbb{R}^n$，对于在$\boldsymbol{\Omega}$上给出一个光滑标量函数$\lambda(\boldsymbol{x})$和一个$n$维向量场$\boldsymbol{f}(\boldsymbol{x})$，定义一个新的标量函数$\boldsymbol{L}_f\lambda(\boldsymbol{x})$

$$\boldsymbol{L}_f\lambda(\boldsymbol{x})=\sum_{i=1}^{n}\frac{\partial\lambda}{\partial x_i}f_i(\boldsymbol{x})\overset{\text{def}}{=}\langle\nabla\lambda(\boldsymbol{x}),\boldsymbol{f}(\boldsymbol{x})\rangle \tag{7.3}$$

其中，$\nabla\lambda(\boldsymbol{x})$是$\lambda(\boldsymbol{x})$的梯度向量，称$\boldsymbol{L}_f\lambda(\boldsymbol{x})$为$\lambda(\boldsymbol{x})$对于向量场$\boldsymbol{f}(\boldsymbol{x})$的李导数。李导数运算可以对不同的向量场多次重复，例如先取$\lambda(\boldsymbol{x})$关于$\boldsymbol{f}(\boldsymbol{x})$的李导数，然后再取$\boldsymbol{L}_f\lambda(\boldsymbol{x})$关于向量场$\boldsymbol{g}(\boldsymbol{x})$的李导数，就可以定义新的函数

$$\boldsymbol{L}_g\boldsymbol{L}_f\lambda(\boldsymbol{x})\overset{\text{def}}{=}\sum_{i=1}^{n}\frac{\partial\boldsymbol{L}_f\lambda}{\partial\boldsymbol{x}_i}g_i(\boldsymbol{x})=\frac{\partial\boldsymbol{L}_f\lambda}{\partial\boldsymbol{x}}\boldsymbol{g}(\boldsymbol{x}) \tag{7.4}$$

如果将$\lambda(\boldsymbol{x})$沿着向量场$\boldsymbol{f}(\boldsymbol{x})$取$k$次李导数，可以用符号$\boldsymbol{L}_f^k\lambda(\boldsymbol{x})$来表示，即

$$\boldsymbol{L}_f^k\lambda(\boldsymbol{x})=\frac{\partial(\boldsymbol{L}_f^{k-1}\lambda)}{\partial\boldsymbol{x}}\boldsymbol{f}(\boldsymbol{x}) \tag{7.5}$$

并定义$\boldsymbol{L}_f^0\lambda(\boldsymbol{x})=\lambda(\boldsymbol{x})$。

接下来介绍多输入多输出非线性系统反馈线性化的主要结论[99-101]。考虑如下的多输入多输出仿射非线性控制系统

$$\frac{\mathrm{d}\boldsymbol{x}}{\mathrm{d}t}=\boldsymbol{f}(\boldsymbol{x})+\sum_{i=1}^{m}\boldsymbol{g}_i(\boldsymbol{x})u_i$$

$$y_i=h_i(\boldsymbol{x}),\quad i=1,2,\cdots,m \tag{7.6}$$

这里首先要引入非线性系统相对阶的概念。对于式(7.6)所确定的系统,如果对其平衡点 $\boldsymbol{x}_0$ 的一个邻域 Ω 及整数向量$[r_1\ r_2\ \cdots\ r_m]$,存在下面的关系:

(1) $\boldsymbol{L}_{\boldsymbol{g}_j}\boldsymbol{L}_{\boldsymbol{f}}^k h_i(\boldsymbol{x})=0,\forall\,\boldsymbol{x}\in\Omega,0\leqslant j\leqslant m,0\leqslant i\leqslant m,0\leqslant k\leqslant r_i-2$;

(2) $m\times m$ 阶矩阵

$$\boldsymbol{T}(\boldsymbol{x})=\begin{bmatrix}\boldsymbol{L}_{\boldsymbol{g}_1}\boldsymbol{L}_{\boldsymbol{f}}^{r_1-1}h_1(\boldsymbol{x}) & \boldsymbol{L}_{\boldsymbol{g}_2}\boldsymbol{L}_{\boldsymbol{f}}^{r_1-1}h_1(\boldsymbol{x}) & \cdots & \boldsymbol{L}_{\boldsymbol{g}_m}\boldsymbol{L}_{\boldsymbol{f}}^{r_1-1}h_1(\boldsymbol{x})\\ \boldsymbol{L}_{\boldsymbol{g}_1}\boldsymbol{L}_{\boldsymbol{f}}^{r_2-1}h_2(\boldsymbol{x}) & \boldsymbol{L}_{\boldsymbol{g}_2}\boldsymbol{L}_{\boldsymbol{f}}^{r_2-1}h_2(\boldsymbol{x}) & \cdots & \boldsymbol{L}_{\boldsymbol{g}_m}\boldsymbol{L}_{\boldsymbol{f}}^{r_2-1}h_2(\boldsymbol{x})\\ \vdots & \vdots & & \vdots\\ \boldsymbol{L}_{\boldsymbol{g}_1}\boldsymbol{L}_{\boldsymbol{f}}^{r_m-1}h_m(\boldsymbol{x}) & \boldsymbol{L}_{\boldsymbol{g}_2}\boldsymbol{L}_{\boldsymbol{f}}^{r_m-1}h_m(\boldsymbol{x}) & \cdots & \boldsymbol{L}_{\boldsymbol{g}_m}\boldsymbol{L}_{\boldsymbol{f}}^{r_m-1}h_m(\boldsymbol{x})\end{bmatrix}$$

在 $\boldsymbol{x}_0$ 处非奇异,则称式(7.6)所确定的系统在 $\boldsymbol{x}_0$ 处有一个(向量)相对阶$[r_1\ r_2\ \cdots\ r_m]$。

下面来看相对阶的意义。设式(7.6)所确定的系统在 $\boldsymbol{x}_0$ 处具有相对阶$[r_1\ r_2\ \cdots\ r_m]$,对其系统输出 y_i 求导($1\leqslant i\leqslant m$),有

$$\frac{\mathrm{d}y_i}{\mathrm{d}t}=\frac{\partial h_i}{\partial \boldsymbol{x}}\frac{\mathrm{d}x}{\mathrm{d}t}=\frac{\partial h_i}{\partial \boldsymbol{x}}\left[\boldsymbol{f}(\boldsymbol{x})+\sum_{j=1}^{m}\boldsymbol{g}_j(\boldsymbol{x})u_j\right]=\boldsymbol{L}_f h_i(\boldsymbol{x})+\sum_{j=1}^{m}\boldsymbol{L}_{\boldsymbol{g}_j}h_i(\boldsymbol{x})u_j$$

当 $r_i>1$ 时,$\boldsymbol{L}_{\boldsymbol{g}_j}h_i(\boldsymbol{x})=0,\forall\,1\leqslant j\leqslant m$,因此有

$$\frac{\mathrm{d}y_i}{\mathrm{d}t}=\boldsymbol{L}_f h_i(\boldsymbol{x}) \tag{7.7}$$

一般地,有

$$\frac{\mathrm{d}^{r_i-1}y_i}{\mathrm{d}t^{r_i-1}}=\boldsymbol{L}_{\boldsymbol{f}}^{r_i-1}h_i(\boldsymbol{x}) \tag{7.8}$$

$$\frac{\mathrm{d}^{r_i}y}{\mathrm{d}t^{r_i}}=\boldsymbol{L}_{\boldsymbol{f}}^{r_i}h_i(\boldsymbol{x})+\sum_{j=1}^{m}\boldsymbol{L}_{\boldsymbol{g}_j}\boldsymbol{L}_{\boldsymbol{f}}^{r_i-1}h_i(\boldsymbol{x})u_j \tag{7.9}$$

如果令

$$\begin{cases}\phi_1^1=h_1(\boldsymbol{x})=y_1,\phi_1^2=\boldsymbol{L}_f h_1(\boldsymbol{x}),\cdots,\phi_1^{r_1}=\boldsymbol{L}_{\boldsymbol{f}}^{r_1-1}h_1(\boldsymbol{x})\\ \phi_2^1=h_2(\boldsymbol{x})=y_2,\phi_2^2=\boldsymbol{L}_f h_2(\boldsymbol{x}),\cdots,\phi_2^{r_2}=\boldsymbol{L}_{\boldsymbol{f}}^{r_2-1}h_2(\boldsymbol{x})\\ \vdots\\ \phi_m^1=h_1(\boldsymbol{x})=y_m,\phi_m^2=\boldsymbol{L}_f h_m(\boldsymbol{x}),\cdots,\phi_m^{r_m}=\boldsymbol{L}_{\boldsymbol{f}}^{r_m-1}h_m(\boldsymbol{x})\end{cases} \tag{7.10}$$

可以证明[99],行向量组

$$\left\{\frac{\partial \boldsymbol{L}_{\boldsymbol{f}}^i h_j}{\partial \boldsymbol{x}}\right\},\quad i=0,1,\cdots,r_j-1;\ j=1,2,\cdots,m$$

在 $\boldsymbol{x}_0$ 附近是线性无关的。当 $r_1+r_2+\cdots+r_m=n$ 时,令 $\boldsymbol{Z}=[\boldsymbol{z}_1,\boldsymbol{z}_2,\cdots,\boldsymbol{z}_m]^{\mathrm{T}}$,其中 $\boldsymbol{z}_i=[z_{i1},z_{i2},\cdots,z_{ir_i}]^{\mathrm{T}}$,因此可以取局部坐标变换 $\boldsymbol{Z}=\boldsymbol{\Phi}(\boldsymbol{x})$为

$$z_{11}=\phi_1^1,\cdots,z_{1r_1}=\phi_1^{r_1},\quad z_{21}=\phi_2^1,\cdots,z_{2r_2}=\phi_2^{r_2},\cdots,z_{m1}=\phi_m^1,\cdots,z_{mr_m}=\phi_m^{r_m}$$

在此坐标下有

$$\begin{cases}\dfrac{\mathrm{d}z_{11}}{\mathrm{d}t}=z_{12},\cdots,\dfrac{\mathrm{d}z_{1r_1-1}}{\mathrm{d}t}=z_{1r_1},\dfrac{\mathrm{d}z_{1r_1}}{\mathrm{d}t}=\dfrac{\mathrm{d}^{r_1}y_1}{\mathrm{d}t^{r_1}}=\boldsymbol{L}_{\boldsymbol{f}}^{r_1}h_1(\boldsymbol{x})+\sum\limits_{j=1}^{m}\boldsymbol{L}_{\boldsymbol{g}}\boldsymbol{L}_{\boldsymbol{f}}^{r_1-1}h_1(\boldsymbol{x})u_j\\ \dfrac{\mathrm{d}z_{21}}{\mathrm{d}t}=z_{22},\cdots,\dfrac{\mathrm{d}z_{2r_2-1}}{\mathrm{d}t}=z_{2r_2},\dfrac{\mathrm{d}z_{2r_2}}{\mathrm{d}t}=\dfrac{\mathrm{d}^{r_2}y_2}{\mathrm{d}t^{r_2}}=\boldsymbol{L}_{\boldsymbol{f}}^{r_2}h_2(\boldsymbol{x})+\sum\limits_{j=1}^{m}\boldsymbol{L}_{\boldsymbol{g}_j}\boldsymbol{L}_{\boldsymbol{f}}^{r_2-1}h_2(\boldsymbol{x})u_j\\ \vdots\\ \dfrac{\mathrm{d}z_{m1}}{\mathrm{d}t}=z_{m2},\cdots,\dfrac{\mathrm{d}z_{mr_m-1}}{\mathrm{d}t}=z_{mr_m},\dfrac{\mathrm{d}z_{mr_m}}{\mathrm{d}t}=\dfrac{\mathrm{d}^{r_m}y_m}{\mathrm{d}t^{r_m}}=\boldsymbol{L}_{\boldsymbol{f}}^{r_m}h_m(\boldsymbol{x})+\sum\limits_{j=1}^{m}\boldsymbol{L}_{\boldsymbol{g}_j}\boldsymbol{L}_{\boldsymbol{f}}^{r_m-1}h_m(\boldsymbol{x})u_j\end{cases}\tag{7.11}$$

对于式(7.11)的每一行的最后一个导数,有

$$\begin{bmatrix}\dfrac{\mathrm{d}z_{1r_1}}{\mathrm{d}t}\\ \dfrac{\mathrm{d}z_{2r_2}}{\mathrm{d}t}\\ \vdots\\ \dfrac{\mathrm{d}z_{mr_m}}{\mathrm{d}t}\end{bmatrix}=\begin{bmatrix}\dfrac{\mathrm{d}^{r_1}y_1}{\mathrm{d}t^{r_1}}\\ \dfrac{\mathrm{d}^{r_2}y_2}{\mathrm{d}t^{r_2}}\\ \vdots\\ \dfrac{\mathrm{d}^{r_m}y_m}{\mathrm{d}t^{r_m}}\end{bmatrix}=\begin{bmatrix}\boldsymbol{L}_{\boldsymbol{f}}^{r_1}h_1(\boldsymbol{x})\\ \boldsymbol{L}_{\boldsymbol{f}}^{r_2}h_2(\boldsymbol{x})\\ \vdots\\ \boldsymbol{L}_{\boldsymbol{f}}^{r_m}h_m(\boldsymbol{x})\end{bmatrix}+\begin{bmatrix}\sum\limits_{j=1}^{m}\boldsymbol{L}_{\boldsymbol{g}_j}\boldsymbol{L}_{\boldsymbol{f}}^{r_1-1}h_1(\boldsymbol{x})u_j\\ \sum\limits_{j=1}^{m}\boldsymbol{L}_{\boldsymbol{g}_j}\boldsymbol{L}_{\boldsymbol{f}}^{r_2-1}h_2(\boldsymbol{x})u_j\\ \vdots\\ \sum\limits_{j=1}^{m}\boldsymbol{L}_{\boldsymbol{g}_j}\boldsymbol{L}_{\boldsymbol{f}}^{r_m-1}h_m(\boldsymbol{x})u_j\end{bmatrix}\overset{\text{def}}{=}\boldsymbol{b}(\boldsymbol{x})+\boldsymbol{T}(\boldsymbol{x})\boldsymbol{u}\tag{7.12}$$

由相对阶的定义可知,$\boldsymbol{T}(\boldsymbol{x})$非奇异,因此,取输入向量

$$\boldsymbol{u}=[u_1,u_2,\cdots,u_m]^{\mathrm{T}}=\boldsymbol{T}^{-1}(\boldsymbol{x})[-\boldsymbol{b}(\boldsymbol{x})+\boldsymbol{v}]\tag{7.13}$$

其中 $v=[v_1,v_2,\cdots,v_m]^{\mathrm{T}}$ 为新的参考输入,则有

$$\begin{bmatrix}\dfrac{\mathrm{d}z_{1r_1}}{\mathrm{d}t}\\ \dfrac{\mathrm{d}z_{2r_2}}{\mathrm{d}t}\\ \vdots\\ \dfrac{\mathrm{d}z_{mr_m}}{\mathrm{d}t}\end{bmatrix}=\begin{bmatrix}v_1\\ v_2\\ \vdots\\ v_m\end{bmatrix}\tag{7.14}$$

综合考虑式(7.14)和式(7.11),可以得到,对于每一个相对阶 $r_i(i=1,2,\cdots,m)$,都有

$$\begin{bmatrix}\dfrac{\mathrm{d}z_{i1}}{\mathrm{d}t}\\ \dfrac{\mathrm{d}z_{i2}}{\mathrm{d}t}\\ \vdots\\ \dfrac{\mathrm{d}z_{ir_{i-1}}}{\mathrm{d}t}\\ \dfrac{\mathrm{d}z_{ir_i}}{\mathrm{d}t}\end{bmatrix}=\begin{bmatrix}0&1&0&\cdots&0\\ 0&0&1&\cdots&0\\ \vdots&\vdots&\ddots&\ddots&\vdots\\ 0&0&\cdots&0&1\\ 0&0&\cdots&0&0\end{bmatrix}\begin{bmatrix}z_{i1}\\ z_{i2}\\ \vdots\\ z_{ir_i-1}\\ z_{ir_i}\end{bmatrix}+\begin{bmatrix}0\\ 0\\ \vdots\\ 0\\ 0\\ 1\end{bmatrix}v_i,\quad i=1,2,\cdots,m\tag{7.15}$$

因此，综上所述，当系统相对阶满足

$$r=\sum_{i=1}^{m} r_i=n \tag{7.16}$$

时，在局部坐标变换 $z=\boldsymbol{\Phi}(\boldsymbol{x})$ 和反馈变换 $\boldsymbol{u}=\boldsymbol{T}^{-1}[-\boldsymbol{b}(\boldsymbol{x})+\boldsymbol{v}]$ 的作用下，仿射非线性系统式(7.6)可以化成一个线性系统

$$\begin{aligned}\frac{\mathrm{d}z}{\mathrm{d}t}&=\boldsymbol{A}\boldsymbol{z}+\boldsymbol{B}\boldsymbol{v}\\ \boldsymbol{y}&=\boldsymbol{C}\boldsymbol{z}\end{aligned} \tag{7.17}$$

其中

$$\boldsymbol{A}=\begin{bmatrix}\boldsymbol{A}_1 & & & \\ & \boldsymbol{A}_2 & & \\ & & \ddots & \\ & & & \boldsymbol{A}_m\end{bmatrix}_{n\times n},\quad \boldsymbol{A}_i=\begin{bmatrix}0 & I_{r_i-1}\\ 0 & 0\end{bmatrix}_{r_i\times r_i},\quad \boldsymbol{B}=\begin{bmatrix}\boldsymbol{B}_1 & & & \\ & \boldsymbol{B}_2 & & \\ & & \ddots & \\ & & & \boldsymbol{B}_m\end{bmatrix}_{n\times m}$$

$$\boldsymbol{B}_i=\begin{bmatrix}0\\0\\ \vdots\\1\end{bmatrix}_{r_i\times 1},\quad \boldsymbol{C}=\begin{bmatrix}\boldsymbol{C}_1 & & & \\ & \boldsymbol{C}_2 & & \\ & & \ddots & \\ & & & \boldsymbol{C}_m\end{bmatrix}_{m\times n},\quad \boldsymbol{C}_i=[1\quad 0\quad \cdots\quad 0]_{1\times r_i}$$

式(7.17)所确定的系统是一个可控可观测的线性系统。需要特别指出的是，与近似线性化不同，反馈线性化方法不是一种针对平衡点附近邻域的近似方法，而是针对非线性系统大范围内成立的一种精确线性化方法。只要系统满足相对阶条件式(7.16)，系统就能通过反馈线性化而化成式(7.17)的形式。

根据上面的介绍，我们现在考查转子定位控制系统是否满足可反馈线性化的条件。

在转子的起动过程中，转子的自转速度是变化的，但是其速度的动力学特性是独立的，转子定位的调节过程对转子自转速度没有影响。这样，在分析转子定位系统的反馈线性化问题时，转子速度就相当于定位系统的一个可变参数，定位系统的动力学特性仍然可以由一个 4 阶微分方程描述。因此考虑式(6.1)所示的转子状态方程，定义如下的变量：

输入向量 $\boldsymbol{u}=[M_{xc}\quad M_{yc}]^{\mathrm{T}}$

系统方程 $\boldsymbol{f}(\boldsymbol{x})=[f_1\quad f_2\quad f_3\quad f_4]^{\mathrm{T}}$ 为

$$\begin{cases}f_1(\boldsymbol{x})=\dfrac{x_3}{\cos x_2}\\ f_2(\boldsymbol{x})=x_4\\ f_3(\boldsymbol{x})=\dfrac{Pc}{J_{xy}}\sin x_1\cos x_2-\dfrac{L}{J_{xy}}x_4+x_3x_4\tan x_2\\ f_4(\boldsymbol{x})=\dfrac{Pc}{J_{xy}}\sin x_2-x_3^2\tan x_2+\dfrac{L}{J_{xy}}x_3\end{cases} \tag{7.18}$$

输入增益矩阵和输出方程分别为

$$\boldsymbol{g}(\boldsymbol{x})=[\boldsymbol{g}_1 \quad \boldsymbol{g}_2]=\begin{bmatrix}0 & 0\\ 0 & 0\\ \dfrac{1}{J_{xy}} & 0\\ 0 & \dfrac{1}{J_{xy}}\end{bmatrix},\quad \boldsymbol{h}(\boldsymbol{x})=\begin{bmatrix}h_1(\boldsymbol{x})\\ h_2(\boldsymbol{x})\end{bmatrix}=\begin{bmatrix}\boldsymbol{x}_1\\ \boldsymbol{x}_2\end{bmatrix}$$

这样,式(6.1)就可以写成如下的形式

$$\begin{cases}\dot{\boldsymbol{x}}=\boldsymbol{f}(\boldsymbol{x})+\boldsymbol{g}(\boldsymbol{x})\boldsymbol{u}\\ \boldsymbol{y}=\boldsymbol{h}(\boldsymbol{x})\end{cases} \tag{7.19}$$

首先来求系统相应的李导数。

对于 $h_1(\boldsymbol{x})$,有

$$\boldsymbol{L}_{\boldsymbol{g}_1}h_1(\boldsymbol{x})=\left\langle\frac{\partial h_1(\boldsymbol{x})}{\partial \boldsymbol{x}},\boldsymbol{g}_1(\boldsymbol{x})\right\rangle=[1,0,0,0]\begin{bmatrix}0\\0\\ \dfrac{1}{J_{xy}}\\ 0\end{bmatrix}=0 \tag{7.20}$$

$$\boldsymbol{L}_{\boldsymbol{g}_2}h_1(\boldsymbol{x})=\left\langle\frac{\partial h_1(\boldsymbol{x})}{\partial \boldsymbol{x}},\boldsymbol{g}_1(\boldsymbol{x})\right\rangle=[1,0,0,0]\begin{bmatrix}0\\0\\0\\ \dfrac{1}{J_{xy}}\end{bmatrix}=0 \tag{7.21}$$

而

$$\boldsymbol{L}_f h_1(\boldsymbol{x})=\left\langle\frac{\partial h_1(\boldsymbol{x})}{\partial \boldsymbol{x}},\boldsymbol{f}(\boldsymbol{x})\right\rangle=\frac{x_3}{\cos x_2} \tag{7.22}$$

因此

$$\begin{aligned}\boldsymbol{L}_{\boldsymbol{g}_1}\boldsymbol{L}_f h_1(\boldsymbol{x})&=\left\langle\frac{\partial \boldsymbol{L}_f h_1(\boldsymbol{x})}{\partial \boldsymbol{x}},\boldsymbol{g}_1(\boldsymbol{x})\right\rangle\\ &=[0,x_3\sec x_2\tan x_2,\sec x_2,0]\begin{bmatrix}0\\0\\ \dfrac{1}{J_{xy}}\\ 0\end{bmatrix}=\frac{\sec x_2}{J_{xy}}\neq 0\end{aligned} \tag{7.23}$$

同理可得

$$\boldsymbol{L}_{\boldsymbol{g}_2}\boldsymbol{L}_f h_1(\boldsymbol{x})=0 \tag{7.24}$$

因此,对于 $h_1(\boldsymbol{x})$,其在平衡点的相对阶 $r_1=2$。

对于 $h_2(\boldsymbol{x})$,有

$$\boldsymbol{L}_{\boldsymbol{g}_1} h_2(\boldsymbol{x})=\left\langle\frac{\partial h_2(\boldsymbol{x})}{\partial \boldsymbol{x}}, \boldsymbol{g}_1(\boldsymbol{x})\right\rangle=[0,1,0,0]\begin{bmatrix}0\\0\\\dfrac{1}{J_{xy}}\\0\end{bmatrix}=0 \tag{7.25}$$

$$\boldsymbol{L}_{\boldsymbol{g}_2} h_2(\boldsymbol{x})=\left\langle\frac{\partial h_2(\boldsymbol{x})}{\partial \boldsymbol{x}}, \boldsymbol{g}_2(\boldsymbol{x})\right\rangle=[0,1,0,0]\begin{bmatrix}0\\0\\0\\\dfrac{1}{J_{xy}}\end{bmatrix}=0 \tag{7.26}$$

$$\boldsymbol{L}_{f} h_2(\boldsymbol{x})=\left\langle\frac{\partial h_2(\boldsymbol{x})}{\partial \boldsymbol{x}}, \boldsymbol{f}(\boldsymbol{x})\right\rangle=x_4 \tag{7.27}$$

$$\boldsymbol{L}_{\boldsymbol{g}_1}\boldsymbol{L}_{f} h_2(\boldsymbol{x})=0 \tag{7.28}$$

但是

$$\boldsymbol{L}_{\boldsymbol{g}_2}\boldsymbol{L}_{f} h_2(\boldsymbol{x})=\frac{1}{J_{xy}}\neq 0 \tag{7.29}$$

因此对于 $h_2(\boldsymbol{x})$，同样有相对阶 $r_2=2$。

故矩阵

$$\boldsymbol{B}(\boldsymbol{x})=\begin{bmatrix}\dfrac{\sec x_2}{J_{xy}} & 0\\ 0 & \dfrac{1}{J_{xy}}\end{bmatrix} \tag{7.30}$$

在 $\boldsymbol{x}=\boldsymbol{0}$ 的某个邻域内都是非奇异的。因此，式(7.19)所确定的系统是可以通过状态反馈实现精确线性化的。

7.3 反馈线性化的实现

取如下的坐标变换：

$$\begin{cases}z_1=h_1(\boldsymbol{x})=x_1\\ z_2=h_2(\boldsymbol{x})=x_2\\ z_3=\boldsymbol{L}_f h_1(\boldsymbol{x})=\dfrac{x_3}{\cos x_2}\\ z_4=\boldsymbol{L}_f h_2(\boldsymbol{x})=x_4\end{cases} \tag{7.31}$$

此时，式(7.19)可以写成以 $\boldsymbol{z}$ 为变量的状态方程，即

$$\begin{cases}\dot{z}_1=z_3\\ \dot{z}_2=z_4\\ \dot{z}_3=\boldsymbol{L}_f^2 h_1(\boldsymbol{x})+\boldsymbol{L}_{\boldsymbol{g}_1}\boldsymbol{L}_f h_1(\boldsymbol{x})u_1+\boldsymbol{L}_{\boldsymbol{g}_2}\boldsymbol{L}_f h_1(\boldsymbol{x})u_2\\ \dot{z}_4=\boldsymbol{L}_f^2 h_2(\boldsymbol{x})+\boldsymbol{L}_{\boldsymbol{g}_1}\boldsymbol{L}_f h_2(\boldsymbol{x})u_1+\boldsymbol{L}_{\boldsymbol{g}_2}\boldsymbol{L}_f h_2(\boldsymbol{x})u_2\end{cases} \tag{7.32}$$

令

$$\boldsymbol{A}(\boldsymbol{z})=\begin{bmatrix}\boldsymbol{L}_f^2h_1(\boldsymbol{x})\\ \boldsymbol{L}_f^2h_2(\boldsymbol{x})\end{bmatrix}\Bigg|_{\boldsymbol{x}=\boldsymbol{\Phi}^{-1}(\boldsymbol{z})}$$

$$\boldsymbol{B}(\boldsymbol{z})=\begin{bmatrix}\boldsymbol{L}_{g_1}\boldsymbol{L}_fh_1(\boldsymbol{x}) & \boldsymbol{L}_{g_2}\boldsymbol{L}_fh_1(\boldsymbol{x})\\ \boldsymbol{L}_{g_1}\boldsymbol{L}_fh_2(\boldsymbol{x}) & \boldsymbol{L}_{g_2}\boldsymbol{L}_fh_2(\boldsymbol{x})\end{bmatrix}\Bigg|_{\boldsymbol{x}=\boldsymbol{\Phi}^{-1}(\boldsymbol{z})}$$

此时,取输入向量为

$$\boldsymbol{u}=\boldsymbol{B}^{-1}[-\boldsymbol{A}(\boldsymbol{z})+\boldsymbol{v}] \tag{7.33}$$

将式(7.33)代入式(7.32),可以得到

$$\begin{cases}\dot{z}_1=z_3\\ \dot{z}_2=z_4\\ \dot{z}_3=v_1\\ \dot{z}_4=v_2\end{cases} \tag{7.34}$$

将式(7.34)的状态变量重新排列,可以将其写成如下的形式

$$\begin{cases}\begin{bmatrix}\dot{z}_1\\ \dot{z}_3\end{bmatrix}=\begin{bmatrix}0 & 1\\ 0 & 0\end{bmatrix}\begin{bmatrix}z_1\\ z_3\end{bmatrix}+\begin{bmatrix}0\\ 1\end{bmatrix}v_1\\ \begin{bmatrix}\dot{z}_2\\ \dot{z}_4\end{bmatrix}=\begin{bmatrix}0 & 1\\ 0 & 0\end{bmatrix}\begin{bmatrix}z_2\\ z_4\end{bmatrix}+\begin{bmatrix}0\\ 1\end{bmatrix}v_2\end{cases} \tag{7.35}$$

这样,式(6.1)所给出的4阶2输入2输出非线性系统就通过状态反馈被精确线性化为两个互相解耦的线性单输入单输出系统。这时,就可以采用经典控制策略,诸如极点配置方法来对系统进行控制。

接下来,针对式(7.35)所示的两个线性化的2阶系统,对其分别按照2阶系统的性能指标要求进行极点配置,取输入$\boldsymbol{v}$为

$$\boldsymbol{v}=\begin{bmatrix}v_1\\ v_2\end{bmatrix}=\begin{bmatrix}-z_1-1.4z_3\\ -z_2-1.4z_4\end{bmatrix} \tag{7.36}$$

此时,每个2阶子系统的性能指标,超调量$\sigma\%\approx4.6\%$,调整时间$t_s\approx5.7\text{s}$。并且,从式(7.35)和式(7.36)可以看出,经过反馈线性化后,转子定位系统与转子自转角动量L(即转子自传角速度)无关。因此,基于反馈线性化的转子定位控制算法在理论上能够在全转速范围内实现转子的定位功能。

7.4 基于反馈线性化的转子定位控制的仿真

本章采用与表5-1相同的转子参数对基于反馈线性化的转子定位控制系统进行仿真。而转子初始偏角取$\alpha=-5°$,$\beta=2°$,即转子主轴偏离竖直位置的总初始偏角为5.38°,从而可以得到如图7-5所示的转子偏角仿真曲线。

分别采用7.1节中的两组典型参数对反馈线性化转子定位方法进行仿真，得到转子偏角的定位控制曲线均如图7-5所示。从图中可见，转速变化对于基于反馈线性化的转子定位控制算法没有影响。无论加速过程较快还是较慢，基于反馈线性化的转子定位控制策略均能够有效实现转子的定位功能。这对于转子起动时的定位控制具有十分重要的意义。

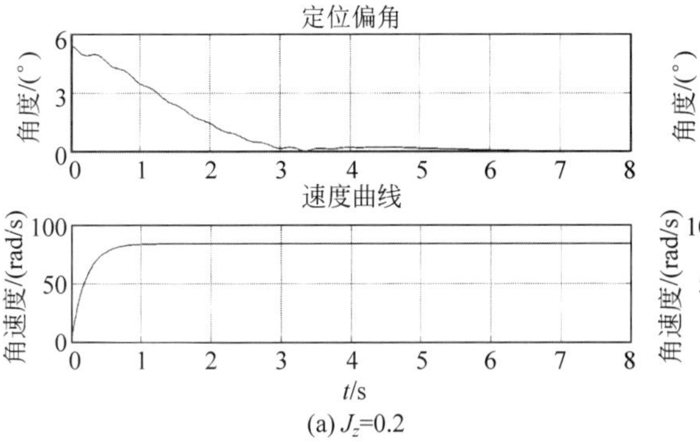

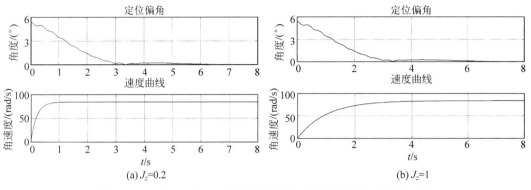

图7-5 不同 J_z 下基于反馈线性化的转子定位控制算法仿真结果

需要指出的是，基于反馈线性化方法虽然具有上述优点，但其应用的先决条件是准确获知系统的结构和参数信息。只有获得了准确的系统信息，式(7.33)中的矩阵 $\boldsymbol{A}$ 和矩阵 $\boldsymbol{B}$ 才是准确的，这样控制器才能有效实现其功能；否则，如果系统参数有轻微的变化，或者由于外界扰动导致系统工作条件产生微量的漂移，都会使控制器性能将会大大变差，甚至无法实现控制目标。对于存在着参数不确定性以及外界扰动的定位控制系统，需要探索基于自适应反馈线性化的鲁棒自适应控制策略，这还需要进行大量、深入的研究。但是，由于理论上反馈线性化方法在定位系统起动过程中可以实现非常良好的控制性能，随着研究方法的改进，作为一种有效的控制方法，该方法会在未来转子定位系统的控制中将有着广阔的应用前景。

7.5 本章小结

由于基于陀螺效应的转子定位算法在转速极低时无法保证转子定位算法的稳定性，而转子从静止起动时必然要经历一个低速自转的阶段，这就使得起动阶段转子会出现一个较大的偏角峰值，而自适应控制在起动阶段由于其状态预测器的动态调整会带来转子偏角的振荡，这些都给其应用带来了一定的困难。因此，针对转子的非线性特性，本章讨论了采用反馈线性化方法对转子进行定位的可行性。首先讨论了转子系统进行反馈线性化的可能性；接下来通过反馈线性化，将原4阶非线性的转子状态方程化成两个解耦的2阶线性状态方程；再对每个2阶线性状态方程按照线性系统理论通过极点配置方法进行控制，从而得到了基于反馈线性化的转子定位控制算法；最后对基于反馈线性化的转子定位控制算法进行了仿真。仿真结果表明，基于反馈线性化的转子定位控制算法在低速下仍然具有良好的性能，能够有效实现在低速下的转子定位功能。这就为转子定位控制系统的设计和应用提供了一个新的思路。

第 8 章 转子定位控制策略的模拟实验

在第 5 章中提出了针对近似线性化系统的基于陀螺效应的转子定位控制算法，第 6 章中考虑不确定性和非线性的存在提出了一种基于自适应理论的定位控制策略。本章将通过实验对第 5 章、第 6 章的定位控制策略的效果进行模拟实验验证，并比较仅采用陀螺效应定位控制策略的定位效果以及加入了 $\mathscr{L}_1$ 自适应控制之后定位的效果。

8.1 节介绍本书所设计的转子定位控制实验装置；8.2 节介绍实验方案；8.3 节给出一些准备性的外围实验；8.4 节分别给出基于陀螺效应的定位控制实验结果和基于 $\mathscr{L}_1$ 自适应理论的定位控制实验结果，并对其进行分析。

8.1 实验装置

对于作为模拟转子定位控制策略的实验装置，首先需要明确该实验装置所要实现的研究目的。如果能够直接在弧形多直线感应电机上完成相关实验是最理想的。但是，2.2 节所采用公共转子的弧形多直线感应电机实验装置，主要的目的是研究此种多电机结构的驱动问题，由于加工的原因，其下端的轴是固定的，无法直接应用于定位控制系统的实验研究。其次，若以共用转子的多弧形直线感应电机作为执行器来进行转子定位控制的实验，就需要同时解决两个问题：直线感应电机法向力和切向力的解耦，以及转子的定位控制。这无疑将增加实验研究的复杂性，无法突出主要矛盾。当实验结果出现问题时，很难判断到底是解耦问题还是定位控制问题。从科学研究方法的角度来看，对于具有多个功能的复杂系统，应当首先分别针对不同的功能来设计相关的实验装置，这样更有利于分析相关研究结果，改进研究方法，在此基础上再进行总体实验比较妥当。这就相当于具有复杂功能的样机在最后联调实验之前，先要对系统中具有各自相对独立功能的部分进行各自的相关实验，为最后的联调打下基础。由于转子定位控制策略是本书研究的核心内容，所以，本章所进行的实验研究，其主要目的是为了验证转子定位控制策略，特别是自适应控制策略的有效性。当然，这项研究还属于原理性研究阶段，但是对于转子定位控制策略的模拟实验，对验证转子定位控制的有效性具有重要意义，对于最终实现本书所提出的设计方案具有十分关键的作用。

基于上述考虑，作者设计并制作了如图 8-1 所示的定位控制实验台。实验台中心为铁质转子。转子下端通过万向轴承与一个驱动电机的轴伸连接，转子的上端是自由的，使得转子能够在与电机同轴旋转的同时，其轴线方向可以较大地偏离竖直位置，以观察控制效果。4 个电磁铁正交放置于转子四周，用来模拟图 2-4 中的直线感应电机的法向力。2 个间隔 90°安装气隙传感器用来测量转子偏离竖直位置的角度，给控制器提供反馈信号。

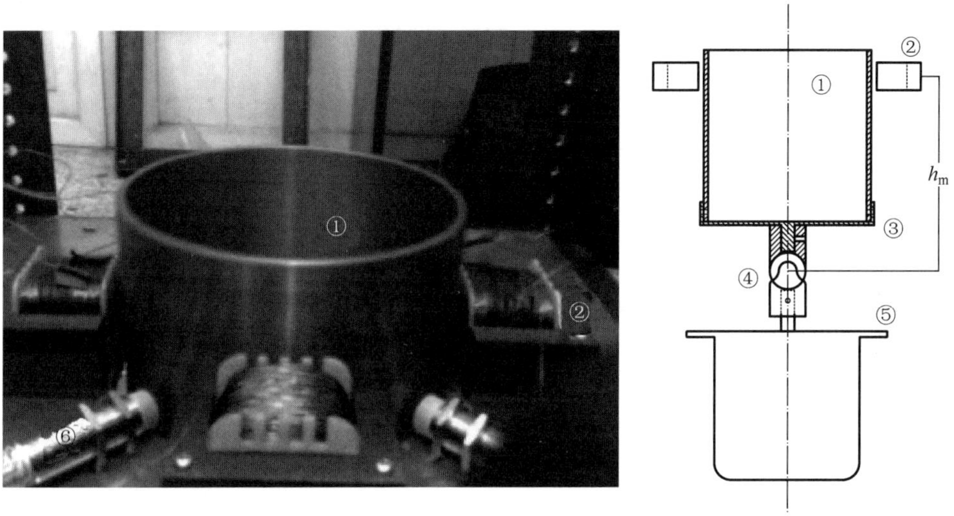

(a) 转子定位系统实验台照片　　(b) 实验装置设计图

①——转子；②——电磁铁；③——转子端盖；④——万向节；⑤——电动机；⑥——气隙传感器

图 8-1　转子定位控制实验台

8.2　实验方案

实验系统的原理框图如图 8-2 所示。图中，采用 dSPACE 为数字控制器。dSPACE 是一种高性能半实物仿真系统，可以完全根据 MATLAB 搭建的数学模型自动实现信号的采集、控制信号计算、输出的 D/A 转换等功能，并可以方便地和计算机交换信息，完成对传感器和控制器读入和输出的相关信号进行存储、处理、显示等。这样可以使我们将注意力集中于控制算法的实现上来，从实验的角度验证控制方法的可行性。

控制器的输入为两个气隙传感器测量的气隙信号，经过计算得出 4 个电磁铁的电流值，通过功率放大器驱动线圈，从而产生所需电磁力对铁质转子的偏角进行控制。

实验方案设计如下：

1. 转子偏角的测量

两气隙传感器测得的传感器与转子之间气隙值 gap_1 和 gap_2，通过坐标轴旋转和换算，可以得到转子主轴偏离 x，y 方向的偏角 $angle_x$ 和 $angle_y$，这两个角度即为系统状态方程

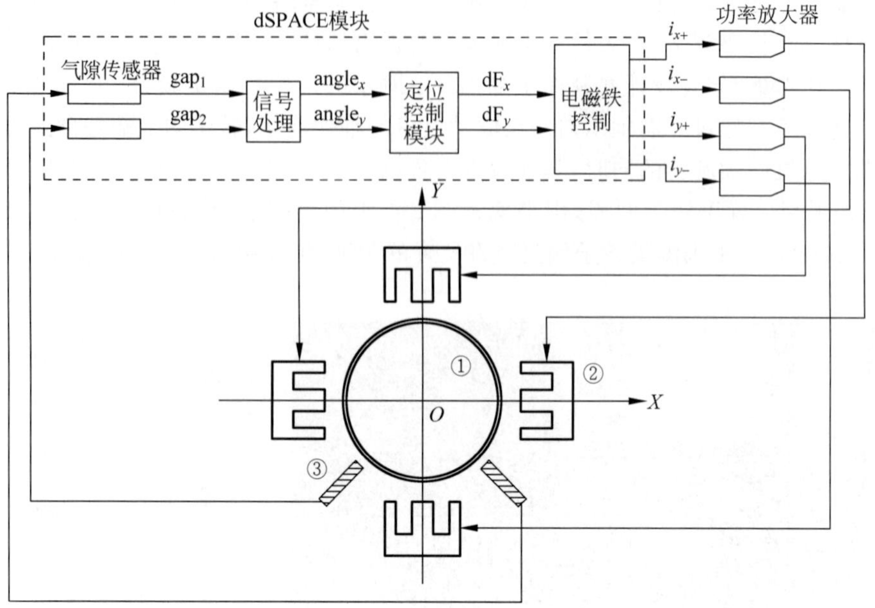

①——转子；②——电磁铁；③——气隙传感器

图 8-2 实验原理框图

中的 x_1 和 x_2。

2. 电磁铁控制力的确定

作用在转子上的力矩可以通过一组方向相对的作用力差动实现，即

$$\begin{cases} M_{xc}=(F_{y-}-F_{y+})h_m \\ M_{yc}=(F_{x+}-F_{x-})h_m \end{cases} \tag{8.1}$$

其中，F_{x+}，F_{x-}，F_{y+}，F_{y-} 分别为 x，y 正负方向的法向力；h_m 为电磁铁中心到 O 点的竖直高度，即法向力的力臂。则各个方向的定位控制力为

$$\begin{cases} F_{x+}=F_{n0}+\dfrac{M_{yc}}{2h_m} \\ F_{x-}=F_{n0}-\dfrac{M_{yc}}{2h_m} \\ F_{y+}=F_{n0}-\dfrac{M_{xc}}{2h_m} \\ F_{y-}=F_{n0}+\dfrac{M_{xc}}{2h_m} \end{cases} \tag{8.2}$$

其中 F_{n0} 表示定位力的参考值，即转子位于竖直位置时所受的定位力。4 个方向的控制力均在 F_{n0} 上下变化。从减小执行器能耗的角度来说，应当尽量减小 F_{n0}。但过小的 F_{n0} 可能造成控制力信号的不连续。实际的 F_{n0} 需要在实验中确定。

3. 电磁铁电流计算

电磁铁的吸力满足

$$F=\frac{AI^2}{(B+g)^2} \tag{8.3}$$

其中，A，B 为跟电磁铁形状、尺寸、铁芯材料、匝数等因素有关的系数；I 为电磁铁电流。联立式(8.3)与式(8.2)，可以得到各个方向电磁铁的控制电流信号为

$$\begin{cases} i_{x+}=(B+g_{x+})\sqrt{\left(F_{n0}+\dfrac{M_{xc}}{2h_m}\right)/A} \\ i_{x-}=(B+g_{x-})\sqrt{\left(F_{n0}-\dfrac{M_{xc}}{2h_m}\right)/A} \\ i_{y+}=(B+g_{y+})\sqrt{\left(F_{n0}+\dfrac{M_{yc}}{2h_m}\right)/A} \\ i_{y-}=(B+g_{y-})\sqrt{\left(F_{n0}-\dfrac{M_{yc}}{2h_m}\right)/A} \end{cases} \tag{8.4}$$

其中 $g_{x\pm}$，$g_{y\pm}$ 分别是 x，y 正负方向电磁铁的实时气隙，可以通过如下公式计算

$$\begin{cases} g_{x+}=g_0-h_m x_2 \\ g_{x-}=g_0+h_m x_2 \\ g_{y+}=g_0+h_m x_1 \\ g_{y-}=g_0-h_m x_1 \end{cases}$$

其中 g_0 为转子位于竖直位置式(8.4)即为电磁铁的控制信号，将其经过功放后加载在电磁铁上。

转子定位控制实验系统照片如图 8-3 所示。

图 8-3 转子定位控制实验系统照片

8.3 实验准备

8.3.1 电磁铁的参数测定

电磁铁是磁悬浮轴承中的控制执行器。在关于磁悬浮轴承的文献中，电磁铁吸力与气

隙的关系常常被描述为与气隙的平方成反比[4]，即

$$F=\frac{AI^2}{g^2} \tag{8.5}$$

这种关系在一定范围内是成立的，但是，这个公式忽略了铁芯磁阻，将会导致“当气隙为零(即电磁铁接触控制对象时)吸力为无穷大”的结果。显然，这与实际情况不符，在气隙值很小或者气隙值变化范围较大时都会存在很大误差。因此，为了准确确定电磁铁吸力与气隙的关系，必须考虑铁芯磁阻，也就是说，采用如式 8.3 的关系式：

$$F=\frac{AI^2}{(B+g)^2}$$

本书中采用实验拟合的方法确定了参数，首先是吸力和气隙的关系，实验数据和拟合曲线如图 8-4 所示，而吸力与电磁铁电流关系如图 8-5 所示。从而得到，本书中所用的电磁铁的参数为 $A=387$，$B=5.5$，即电磁铁吸力 F(N)与气隙 g(mm)之间的关系式为

$$F=\frac{387I^2}{(5.5+g)^2} \tag{8.6}$$

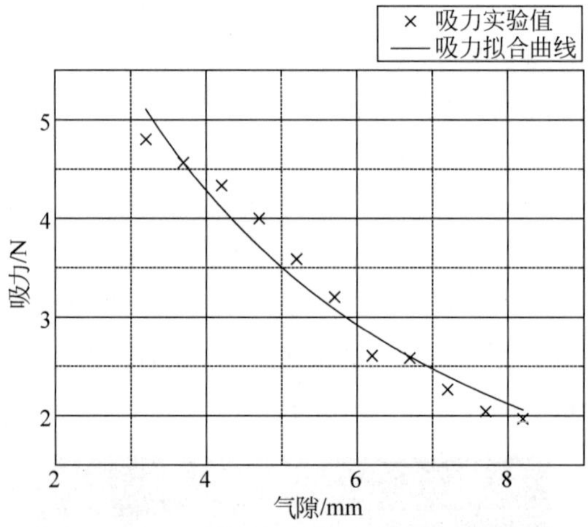

图 8-4 电磁铁吸力和气隙关系的实验数据与拟合曲线(电磁铁电流为 1A)

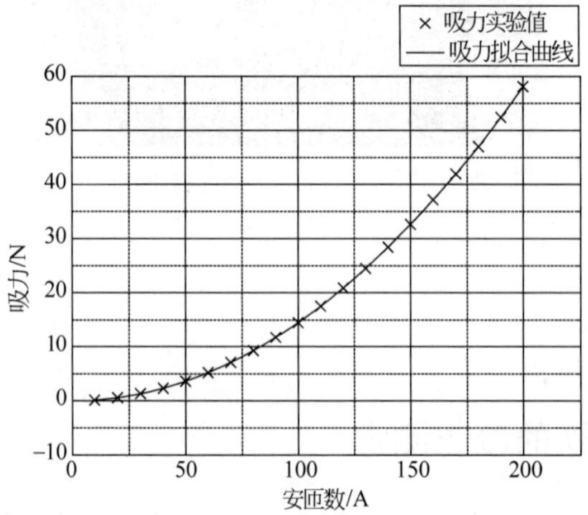

图 8-5 吸力与电磁铁电流关系(气隙为 4mm)

8.3.2 功率放大电路

功率放大电路的主要功能是将 dSPACE 输出的控制信号放大为可以驱动电磁铁的功率信号。功率放大电路虽然不是转子定位控制系统的核心部件，但也是不可或缺的组成部分。在转子定位控制的实验中，拟采用模拟型功率放大器构成功率放大电路。模拟型功率放大器具有失真小、动态响应速度快、线性度好、容易实现等优点，但也有发热较为严重的缺点[102]。因此，模拟型功率放大器更适用于转子定位控制的小功率应用场合。

功率放大电路按照控制原理，可以分为电压型放大电路和电流型放大电路[103]。其中，电压型放大电路的输出电压与输入电压成正比，即

$$V_{\text{out}} = kV_{\text{in}} \tag{8.7}$$

这种电压型放大电路输出阻抗较小，结构简单，但是在本书的转子定位系统实验中不适用。这是因为，实验中放大电路的输出为电磁铁，而电磁铁具有较大的感抗，这将导致电磁铁电流与电压之间产生一个相位滞后，从而使得电磁铁出力相对于控制信号产生一个额外的滞后。

而对于电流型放大电路，其输出电流与输入电压成正比，即

$$I_{\text{out}} = kV_{\text{in}} \tag{8.8}$$

这样就能避免电磁铁感性负载所造成的控制力的额外滞后。

在实验中，采用 BB 公司的 OPA548 电压-电流型模拟功率放大器来设计功率放大电路（如图 8-6 所示）。OPA548 芯片具有如下特点[104]：

(1) 供电电源要求较为宽泛，单电源或双电源供电均可；

(2) 具有过热保护功能；

(3) 输出电流范围可调。

实验中采用的基于 OPA548 的功率放大器如图 8-7 所示。

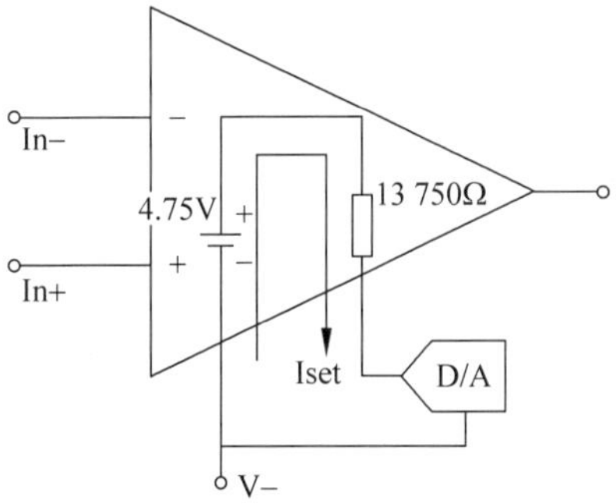

图 8-6 OPA548 功率放大器原理图

图 8-7 实验用模拟功率放大器

8.4 实验结果

8.4.1 基于陀螺效应的转子定位控制实验结果

将式(5.20)代入式(8.4)，可以得到转子定位系统各个电磁铁的控制电流，将其经过功

率放大器放大后，即可加载于电磁铁上。从而得到基于陀螺效应的转子定位系统实验中转子偏离竖直位置的角度的波形如图 8-8 所示。

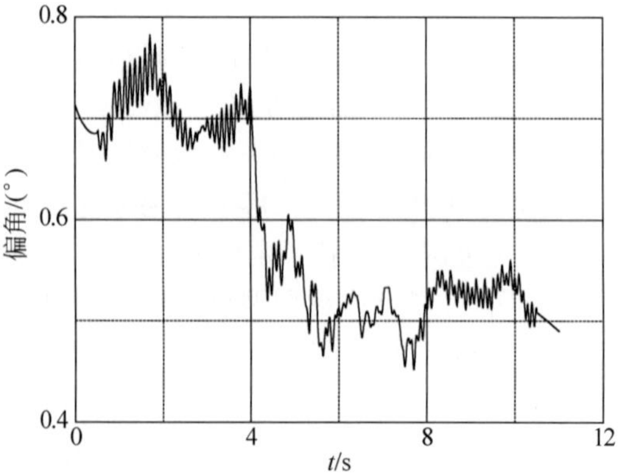

图 8-8　转子偏离竖直位置的角度的波形

图 8-8 中，当 $t \leqslant 4$s 时，控制器未上电，竖直转子受到限位轴承限制，偏离竖直位置的角度大约为 0.7°；当 $t > 4$s 后，控制器开始作用，转子偏离竖直位置的角度减小到 0.5°左右（平均偏角 0.51°）。可见，转子定位控制算法是起作用的。

对比图 8-8 与图 5-6 可发现，实验与仿真中，转子的偏角在控制器开始作用后，都有明显减小，但是，实验结果没有像仿真结果所显示的偏角趋于零那么理想。分析其原因，可能是由于：

(1) 控制算法是按照线性近似的动力学方程导出的，而实际的转子系统是一个非线性系统；

(2) 转子的转动惯量是通过理论计算得到的，计算时将转子按照理想几何体进行计算，而实际转子可能由于加工精度和连接构件等问题并非理想几何体，这就使得实际和理想的转动惯量之间可能存在未知差距；

(3) 法向力的执行器（电磁铁）存在一定的几何尺寸，从而使得法向力中存在的一些分布效应，而控制算法将法向力按照点作用力来考虑，这就导致力的分布效应未被记及；

(4) 实际的电磁铁为一个感抗元件，具有一定的动态过程，从而造成控制力与控制信号之间有一定延迟；

(5) 位移传感器采用电涡流型传感器，也存在一定延时。

考虑以上因素对实验结果带来的影响，可以认为：基于陀螺效应的转子定位控制算法能够比较显著地减少竖直转子的偏角，有效抑制转子的振动。控制算法是有效的。

8.4.2　基于$\mathscr{L}_1$自适应控制的转子定位控制实验结果

将式(5.20)和式(6.39)代入式(8.4)，可以得到基于 $\mathscr{L}_1$ 自适应控制的转子定位控制律。同样通过 dSPACE 平台将其实现并加载于电磁铁上，得到自适应控制下的转子偏角的实验波形如图 8-9 所示。

为了清楚显示自适应控制与非自适应控制的定位控制效果的差别，图 8-9 中同时绘出

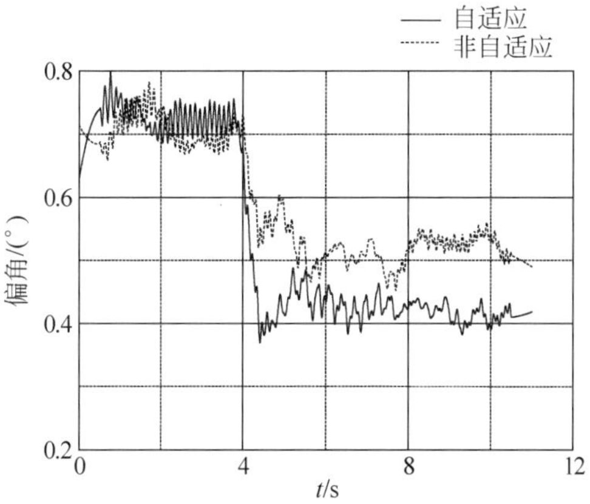

图 8-9 自适应控制与非自适应控制下定位系统效果对比

了只有非自适应控制(即式(6.7)中的 $\boldsymbol{u}_{ad}=\boldsymbol{0}$ 而只有 $\boldsymbol{u}_m$ 作用)时的波形。图中的波形都经过了标幺化,以各自控制作用加载前转子偏离竖直位置的平均偏角为基值,以更加直观地比较二者的差别。从图中可以看出,当采用非自适应控制时,$t>4$s 后控制器作用时,转子主轴偏角降低到 0.5°左右(平均偏角 0.51°);而采用自适应控制时,$t>4$s 后控制器作用时,转子主轴偏离竖直位置的偏角降低到 0.4°左右(平均偏角 0.42°),相对于非自适应控制算法,转子主轴偏角进一步降低了 17.6%。由此可见,在 $\mathscr{L}_1$ 自适应控制器作用下,转子定位控制的效果要好于仅有陀螺效应控制器作用的情况,定位控制效果得到改善。

需要说明的是,第 7 章中对起动过程中定位控制的研究,虽然提出了基于反馈线性化的定位控制策略,但仅仅是初步研究,为解决起动阶段定位的问题提出了一个思路。然而,首先实际对象存在着参数不确定性和外界干扰等问题,还需要在基于自适应反馈线性化的基础上,研究鲁棒自适应控制策略才有可能完全解决这类问题。其次,从实现角度来看,反馈线性化控制策略需要大量李导数的实时运算,这就对控制器的运算性能提出了很高的要求,也给数值算法的编程带来了一定的复杂性。第三,根据反馈线性化方法计算得到的控制信号,有时可能具有非常大的幅值,会远远超出实际执行器的最大输出幅值,这样,对于实际装置来说,会由于执行器的输出限制饱和而给控制效果带来很大影响。

综上所述,从理论方法上来说,基于反馈线性化的定位控制策略还需要进一步完善;从技术手段上来说,反馈线性化方法还需要解决很多技术难题;从实验装置上来说,第 5 章、第 6 章所讨论的定位控制策略均属于转子转速稳定时的定位控制,实验装置对于转子起动阶段采用硬限位的方式以确保转子在起动过程中不至于倾倒而破坏运行条件,待转速上升到一定程度后再起动定位控制系统以实现定位控制。因此,对于起动阶段的定位控制,宜作为下一步的研究方向,从理论方法和实现技术等方面继续进行深入研究。

8.5 本章小结

本章通过实验验证了之前第 5 章所提出的基于陀螺效应的转子定位控制算法和第 6 章提出的基于 $\mathscr{L}_1$ 自适应控制的转子定位控制算法。首先,作者设计加工了相应的实验台,以电磁铁作为转子定位控制力的执行装置，dSPACE作为控制器的实现模块，来验证转子的定位控制算法的有效性。其次，在基于陀螺效应的定位控制实验中，当定位控制器开始作用后，转子振动的幅度(即转子偏离竖直位置的偏角平均值)从自由状态的约0.7°减小至约0.5°，说明转子定位控制算法能够有效抑制转子的振动。而基于$\mathscr{L}_1$自适应的定位控制实验结果表明，自适应控制下，转子的振动幅度得到相对于仅采用非自适应的陀螺效应定位控制，偏角幅度能够进一步减小17.6%，定位控制的效果得到进一步的改善。

第 9 章 总结与展望

9.1 总结

本书提出了一种共用转子的多个弧形直线感应电机结构。通过该电机结构，分别控制各个直线感应电机，对竖直转子施加不平衡的定位控制力，从而实现控制转子位置，减轻转子振动的目的。这与传统的磁悬浮轴承和无轴承电机在原理上是相同的。但存在以下区别：首先，传统无轴承电机的研究对象是水平的电机转子，研究目的主要是如何提供足够大的悬浮力以实现悬浮；而本书所研究的对象是竖直转子，主要的研究目的是研究控制算法如何提供合适的法向力，使得转子能够稳定地保持在竖直位置自转。其次，对于转子定位控制问题，传统的研究对象是高速转子。在高速下，转子的陀螺效应足够强，从而对外界扰动具有相当的抵抗作用；但是，本书的研究对象是低速转子，转速降低导致陀螺效应减弱，使得转子对于外界干扰更为敏感，这就对控制系统的设计提出了更高的要求。

本书的研究内容主要包括以下几方面，首先是弧形直线感应电机的磁场、驱动和解耦控制研究，包括电机气隙不均匀时的磁场分布等问题，这是本书提出的这种电机结构能够实现功能的基础；其次，根据陀螺效应，基于平衡点线性近似系统设计了 PD 控制的定位控制算法；进一步，针对参数不确定性、系统非线性以及外界干扰影响，采用 $\mathscr{L}_1$ 自适应控制理论设计了一种自适应转子定位控制器，来应对控制对象参数误差、非线性以及外界扰动所带来的问题；最后，针对转子自转加速的过程中的定位效果进行了讨论，并提出了一种基于反馈线性化的转子定位控制算法来对转子的起动过程进行定位。

本书的主要研究成果如下：

(1) 提出了一种采用共用转子的多弧形直线感应电机构成的新型无轴承电机结构，研究了其驱动机理，通过仿真和实验表明，这种新型电机结构能够有效驱动转子，其功能类似于传统旋转感应电机。这种多弧形直线感应电机系统利用直线感应电机的切向力来驱动转子旋转，而法向力用于实现转子的定位功能。本书所提出的转子定位控制结构，需要改变直线感应电机的法向力，使之作用于转子，来控制转子的位置。而改变法向力的同时，如果不加控制，则会影响作用在转子上的切向力，进而改变转子的自转速度，而自转速度的改变又会影响转子的振动。这就给转子的定位控制带来了额外的困难。因此，本书提出了一种基于直线感应电机稳态性能的法向力和切向力解耦的控制算法，实现了法向力与切向力的解耦，在法向力改变时，转子自转基本不受影响。这样就为采用新型多弧形直线感应电机结构实现转子定位系统奠定了基础。

(2) 提出了一种以陀螺效应为基础的竖直转子定位控制算法。竖直转子在自转转速较低时，陀螺效应较弱，无法维持转子的稳定自转，然而此时陀螺效应仍然存在。陀螺效应使得转子转动时具有如下特性：当转子受到外力作用时，其主轴将会向着外力矩方向摆动。根据这种性质，本书针对转子线性化系统基于陀螺效应提出了一种定位控制策略，使得转子所受到的总力矩始终指向中心竖直位置，从而保证了转子在转动中能够稳定地保持在竖直位置。根据所设计的控制方法，本书对定位系统进行了仿真。仿真结果表明，这种定位控制算法能够实现转子的竖直定位。同时，对比了基于极点配置的控制算法和本书所提出的定位控制算法的区别，仿真表明本书的定位控制算法相对于极点配置方法具有更强的鲁棒性。

(3) 在实际工作时，竖直转子的非线性特性不可忽略；同时，系统中还存在参数不确定性和外界扰动等问题。在较低的转子自转转速下，外界扰动和转子自身的参数不确定性对系统动态性能的影响也更加明显。为了解决这些问题，提出了一种基于 $\mathscr{L}_1$ 自适应控制理论的自适应控制算法，对自适应算法的收敛性和有界性进行了理论推导，从理论上证明了自适应系统预测误差和参数误差的有界性，以及自适应系统的 BIBS 稳定性。最后对应用 $\mathscr{L}_1$ 自适应控制器的定位控制系统进行了仿真。仿真结果表明，基于 $\mathscr{L}_1$ 自适应控制的定位算法在参数不确定性和外加扰动存在的情况下，仍然能够有效减小转子的振动幅度。以上成果对于竖直转子定位控制的研究具有一定的理论意义。

(4) 针对转子起动阶段基于陀螺效应的定位算法出现的较大偏角峰值和自适应控制算法出现的偏角振荡的缺点，提出了一种基于反馈线性化的转子定位算法。通过反馈线性化将原 4 阶非线性的转子状态方程化成两个 2 解耦的 2 阶线性状态方程，通过极点配置方法对其进行控制，从而得到了定位控制算法。通过仿真验证了在不同加速条件下，基于反馈线性化的转子定位算法都能保持相同的定位控制性能。仿真结果表明，基于反馈线性化的转子定位控制算法在低速下仍然具有良好的性能，能够有效实现低速下和起动过程中的转子定位功能。这就为转子定位控制系统的设计和应用提供了一个新的思路。

(5) 设计了转子定位控制的实验台，该实验台以 dSPACE 为控制器核心，电磁铁为执行器，以铁质圆筒转子作为控制对象，验证了基于陀螺效应和基于 $\mathscr{L}_1$ 自适应控制的转子定位控制的效果。实验结果表明，本书所提出的基于陀螺效应的定位控制策略能够有效减小转子转动时主轴偏离竖直位置的偏角在不超过 0.5°范围内，而基于 $\mathscr{L}_1$ 自适应控制的定位算法能够进一步降低转子主轴偏角约 17.6%。这表明本书设计的控制方法在技术上是可实现的，这就为采用多弧形直线感应电机结构来实现无轴承竖直转子定位控制的进一步研究打下了坚实的基础，具有很好的应用前景。

9.2 展望

本书的研究内容涉及电机、控制、机械、力学等多个学科，通过新型多直线感应电机所构成的无轴承电机结构，采用静态解耦实现电机法向力和切向力解耦，基于陀螺效应设计转子定位控制算法，采用自适应控制克服系统非线性、参数不确定性和外界扰动的影响，为理论上解决低速竖直转子的定位控制建立了较为完整的理论框架；通过作者研制的实验平台，采用基于 dSPACE 的控制器，实现了转子定位系统的控制，为该课题的进一步研究打下了良好的基础。

虽然本书已经取得了一些基本成果，但是对于竖直转子的定位控制研究，目前仍有下面这些问题值得进一步研究：

(1) 在实际转子定位系统的运行中，当转子速度的变化范围较大时，即转子起动或转速从一个稳态到另一个稳态的过渡过程中，速度在动态变化，此时端部效应的影响就体现为一个随转速变化的参数。虽然本书涉及的直线感应电机首尾相接，使得端部效应比单个直线电机定子要弱，但转子速度在较大范围变化时，体现端部效应的参数变化影响就不可忽略。如果考虑端部效应所带来的参数变化的影响，将会使得整个系统的状态方程更为复杂。如何对其进行控制，需要进一步研究。

(2) 在采用直线电机同时进行法向力和切向力解耦以及利用法向力实现转子定位控制策略时，由于解耦算法采用的是基于稳态解耦的 PI 控制策略，因此，法向力的动态过程将由于 PI 控制而有一个延时，对于竖直转子系统这样的非线性系统来说，这种延时有可能引起复杂的动力学过程，对于这种动力学过程如何保证系统仍然具有良好的性能指标，还需要做很多研究。其次，完成解耦和定位控制的控制器，需要比较庞大且复杂的运算。如何采用合适的鲁棒控制策略与反馈线性化方法结合，在基于自适应反馈线性化的基础上，研究鲁棒自适应控制策略，提升鲁棒性，也是接下来需要研究的问题。

(3) 本书的研究中，转子作为一个刚体，其形变被忽略了。这在本书设计的实验台中是可以接受的，但是随着转子的尺寸增大，转子的形变影响将会变得明显，特别是对于薄壁圆筒转子(如洗衣机)的情形，形变将会更为显著。这种情况下，转子的状态方程也将会更为复杂。如何处理带有柔性的转子情形，也是接下来的一个研究方向。

附录A
转子转动惯量的理论计算

本书所研究的转子，其示意图如图 A-1 所示。转子的组成部分及各部分相应尺寸参数如下：

(1) 转子主体，形状为圆筒，内半径 r_1，外半径 r_2，长度为 l，设其质量为 m_1；

(2) 转子端盖，圆柱体，底面半径与主体外半径相同，均为 r_2，长度为 h，质量设为 m_2；

(3) 转子连接轴，其与固定点 O 相连，长度 h_1。连接轴转动惯量很小，其对转子整体的转动惯量的影响忽略。

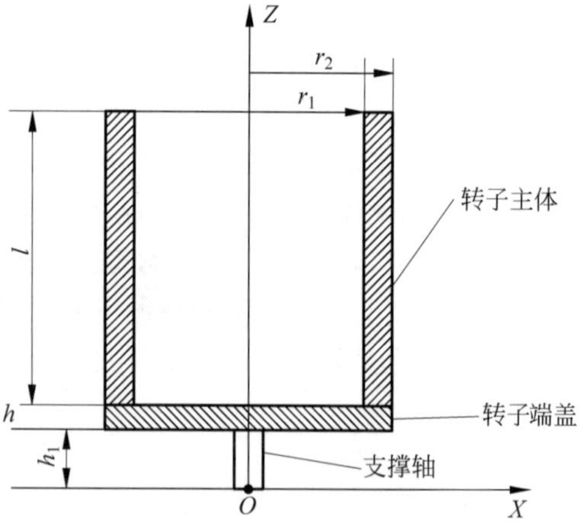

图 A-1　转子示意图

转子的转动惯量可以依照各个模块分别计算再相加。

1. 对自转轴转动惯量 J_z

圆筒形转子主体对自转轴的转动惯量在相关的理论力学著作中已有现成公式给出[105]：

$$J_{z1}=\frac{1}{2}m_1(r_1^2+r_2^2)$$

而转子端盖的转动惯量也有

$$J_{z2}=\frac{1}{2}m_2r_2^2$$

因此,转子对自转轴的转动惯量为

$$J_z=J_{z1}+J_{z2}=\frac{1}{2}m_1(r_1^2+r_2^2)+\frac{1}{2}m_2r_2^2 \tag{A.1}$$

2. 转子对 *OX*/*OY* 轴的转动惯量

由于转子的对称性,其对于 OX 和 OY 轴的转动惯量是相等的,因此下面以 OX 轴为例,转动惯量统一以 J_{xy} 表示。

圆筒转子主体对 OX 轴的转动惯量,需要通过两步计算:

首先,如图 A-2 所示,将圆筒转子分割成无限多个圆环微元,每个微元厚度为 $\mathrm{d}z$,设转子材料的密度为 ρ,则每个微元圆环的质量为

$$\mathrm{d}m_1=\rho\pi(r_2^2-r_1^2)\,\mathrm{d}z$$

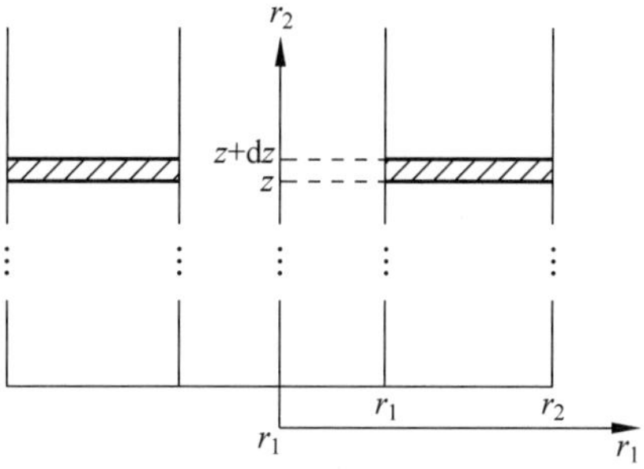

图 A-2 转子主体转动惯量计算

而根据刚体的垂直轴定理,每个圆环微元对其自身直径的转动惯量为其对 OZ 轴转动惯量的一半,即

$$\mathrm{d}J'_{xy1}=\frac{1}{4}(r_1^2+r_2^2)\,\mathrm{d}m_1=\frac{1}{4}(r_1^2+r_2^2)\rho\pi(r_2^2-r_1^2)\,\mathrm{d}z$$

再根据刚体的平行轴定理,每个圆环微元对于 OX 轴的转动惯量为

$$\begin{aligned}\mathrm{d}J_{xy1}&=\mathrm{d}J'_{xy1}+z^2\mathrm{d}m_1\\&=\frac{1}{4}(r_1^2+r_2^2)\rho\pi(r_2^2-r_1^2)\,\mathrm{d}z+\rho\pi(r_2^2-r_1^2)z^2\mathrm{d}z\end{aligned}$$

因此,转子主体对 OX 轴转动惯量为

$$\begin{aligned}J_1&=\int_{z_1}^{z_2}\left[\frac{1}{4}(r_1^2+r_2^2)\rho\pi(r_2^2-r_1^2)+\rho\pi(r_2^2-r_1^2)z^2\right]\mathrm{d}z\\&=\frac{1}{4}(r_1^2+r_2^2)\rho\pi(r_2^2-r_1^2)z\Bigg|_{z_1}^{z_2}+\frac{1}{3}\rho\pi(r_2^2-r_1^2)z^3\Bigg|_{z_1}^{z_2}\end{aligned} \tag{A.2}$$

式中 z_1,z_2 分别为转子下端和上端高度坐标,$z_2-z_1=l$ 为转子主体高度。对于转子主体,

显然有 $m_1=\rho\pi(r_2^2-r_1^2)l$。因此，式(A.2)可以化为

$$J_{xy1}=\frac{1}{4}m_1(r_1^2+r_2^2)+\frac{1}{3}m_1(z_1^2+z_1z_2+z_2^2)$$

同理，可以得到其对 OX 轴的转动惯量为

$$J_{xy2}=\frac{1}{4}m_2r_2^2+\frac{1}{3}m_2(z_0^2+z_0z_1+z_1^2)$$

其中 $z_0=h_1$。

综上，转子关于 OX 或 OY 轴的转动惯量为

$$\begin{aligned}J_{xy}&=J_{xy1}+J_{xy2}\\&=\frac{1}{4}m_1(r_1^2+r_2^2)+\frac{1}{3}m_1(z_1^2+z_1z_2+z_2^2)+\frac{1}{4}m_2r_2^2+\frac{1}{3}m_2(z_0^2+z_0z_1+z_1^2)\end{aligned}$$

参考文献

[1] Beams J W. Magnetic Suspension for Small Rotors[J]. Review of Scientific Instruments,1950,21(2): 182-184.

[2] Beams J W, Hulburt C, Lotz Jr W, et al. Magnetic Suspension Balance[J]. Review of Scientific Instruments,1955,26(12): 1181-1185.

[3] Schweitzer G. Stabilization of Self-Excited Rotor Vibrations by an Active Damper[J]. Dynamics of Rotors,1975: 472-493.

[4] Bleuler H,Cole M,Keogh P,et al. Magnetic Bearings: Theory,Design,and Application to Rotating Machinery[M]. Berlin Heidelberg: Springer-Verlag,2009.

[5] Schob R. Development of a Bearingless Electrical Motor[J]. Proceeding of ICEM,1988: 373-375.

[6] Bosch R. Development of a Bearingless Motor[C]//Proceedings of ICEM. Tokyo,Japan: [S. N.], 1988: 373-375.

[7] Stephens L S, Kim D G. Force and Torque Characteristics for a Slotless Lorentz Self-Bearing Servomotor[J]. IEEE Transactions on Magnetics,2002,38(4): 1764-1773.

[8] Higuchi T,Jin J. Realization of Non-Contact AC Magnetic Suspension. [C]//34th Jap. Joint Automatic Conf. Keio Univ. Tokyo: IEEE,1991.

[9] Fremerey J K. Radial Shear Force Permanent Magnet Bearing System with Zero-Power Axial Control and Passive Radial Damping[M]//Magnetic Bearings. [S. L.]: Springer,1989: 25-31.

[10] Boden K. Wide-Gap,Electro-Permanent Magnetic Bearing System with Radial Transmission of Radial and Axial Forces[C]//Magnetic Bearings. First Internat. Symposium on Magnetic Bearings. Zurich, Switzerland: Ismb,1988.

[11] Moon F,Chang P Z. High-Speed Rotation of Magnets on High Tc Superconducting Bearings[J]. Applied Physics Letters,1990,56(4): 397-399.

[12] Kummeth P, Nick W, Neumuller H. Development of Superconducting Bearings for Industrial Application[C]//Proc. 10th Internat. Symp. on Magnetic Bearings. Martigny, Switzerland: Ismb,2006.

[13] Rhodes R. Electromagnetic Suspension—Dynamics and Control[J]. IEE Review, 1989, 35(4): 146-146.

[14] Nikolajsen J L. Experimental Investigation of an Eddy-Current Bearing[M]//Magnetic Bearings. Berlin: Springer,1989: 111-118.

[15] Okada Y,Dejima K,Ohishi T. Analysis and Comparison of Synchronous Motor and Induction Motor Type Magnetic Bearings[J]. IEEE Transactions on Industry Applications,1995,31(5): 1047-1053.

[16] Chiba A, Rahman M A, Fukao T. Radial Force in a Bearingless Reluctance Motor[J]. IEEE Transactions on Magnetics,1991,27(2): 786-790.

[17] Okada Y,Dejima K,Ohishi T. Analysis and Comparison of PM Synchronous Motor and Induction Motor Type Magnetic Bearings[J]. IEEE Transactions on Industry Applications, 1995, 31(5): 1047-1053.

[18] Kanebako H, Okada Y. New Design of Hybrid-Type Self-Bearing Motor for Small, High-Speed Spindle[J]. IEEE/ASME Transactions on Mechatronics,2003,8(1): 111-119.

[19] Stephens L S,Dae-Gon Kim. Force and Torque Characteristics for a Slotless Lorentz Self-Bearing Servomotor[J]. IEEE Transactions on Magnetics,2002,38(4): 1764-1773.

[20] Woo-Sup Han,Chong-Won Lee,Okada Y. Design and Control of a Disk-Type Integrated Motor-

Bearing System[J]. IEEE/ASME Transactions on Mechatronics,2002,7(1): 15-22.

[21] Ueno S,Okada Y. Characteristics and Control of a Bidirectional Axial Gap Combined Motor-Bearing [J]. IEEE/ASME Transactions on Mechatronics,2000,5(3): 310-318.

[22] 邓智泉,张宏全,王晓琳,等. 基于气隙磁场定向的无轴承异步电机非线性解耦控制[J]. 电工技术学报,2002,17(6): 19-24.

[23] 贺益康,年珩,阮秉涛. 感应型无轴承电机的优化气隙磁场定向控制[J]. 中国电机工程学报,2004,24(16): 116-121.

[24] 邓智泉,王晓琳,张宏荃,等. 无轴承异步电机的转子磁场定向控制[J]. 中国电机工程学报,2003,23(3): 89-92.

[25] 卜文绍,乔岩珂,祖从林,等. 三相无轴承异步电机的磁场定向控制[J]. 电机与控制学报,2012,16(7): 52-57.

[26] 卜文绍,王少杰,黄声华. 三相无轴承异步电机的解耦控制系统[J]. 电机与控制学报,2011,15(12) 32-43.

[27] Rodriguez E F, Santisteban J A. An Improved Control System for a Split Winding Bearingless Induction Motor[J]. IEEE Transactions on Industrial Electronics,2011,58(8): 3401-3408.

[28] Asama J, Hamasaki Y, Oiwa T, et al. Proposal and Analysis of a Novel Single-Drive Bearingless Motor[J]. IEEE Transactions on Industrial Electronics,2013,60(1): 129-138.

[29] Sugimoto H, Uemura Y, Chiba A, et al. Design of Homopolar Consequent-Pole Bearingless Motor with Wide Magnetic Gap[J]. IEEE Transactions on Magnetics,2013,49(5): 2315-2318.

[30] Zhang S, Luo F L. Direct Control of Radial Displacement for Bearingless Permanent-Magnet-Type Synchronous Motors[J]. IEEE Transactions on Industrial Electronics,2009,56(2): 542-552.

[31] 张少如,吴爱国,李同华. 无轴承永磁同步电机转子偏心位移的直接控制[J]. 中国电机工程学报 2007,27(12): 65-70.

[32] 孙晓东,陈龙,杨泽斌,等. 考虑偏心及绕组耦合的无轴承永磁同步电机建模[J]. 电工技术学报 2013,28(3): 63-70.

[33] 李倬,葛宝明. 一种改进的无轴承开关磁阻电机数学模型[J]. 电机与控制学报,2009,13(6).

[34] Cao X, Deng Z, Yang G, et al. Independent Control of Average Torque and Radial Force in Bearingless Switched-Reluctance Motors with Hybrid Excitations[J]. IEEE Transactions on Power Electronics 2009,24(5): 1376-1385.

[35] Yang Y, Deng Z, Yang G, et al. A Control Strategy for Bearingless Switched-Reluctance Motors[J] IEEE Transactions on Power Electronics,2010,25(11): 2807-2819.

[36] 周云红,孙玉坤,王正齐. 一种双定子磁悬浮开关磁阻飞轮电机控制系统[J]. 中国电机工程学报 2015,35(21): 5600-5606.

[37] 周云红,孙玉坤,袁野. 双定子磁悬浮开关磁阻电机的转子位置角自检测[J]. 中国电机工程学报 2016,36(1): 250-257.

[38] 王喜莲,葛宝明,王旭东. 一种无轴承开关磁阻电机悬浮性能分析[J]. 电机与控制学报,2013,17(1) 7-12.

[39] Xu Z, Lee D H, Ahn J W. Modeling and Control of a Bearingless Switched Reluctance Motor wit Separated Torque and Suspending Force Poles[C]//Industrial Electronics (ISIE), 2013 IEE International Symposium on. Taipei, Taiwan: IEEE,2013: 1-6.

[40] Masuzawa T, Ezoe S, Kato T, et al. Magnetically Suspended Centrifugal Blood Pump with an Axiall Levitated Motor[J]. Artificial Organs,2003,27(7): 631-638.

[41] Kim S H, Shin J W, Ishiyama K. Multiscale Magnetic Spiral-Type Machines for Fluid Manipulatio [J]. IEEE Transactions on Magnetics,2014,50(11): 1-4.

[42] Zad H S, Khan T I, Lazoglu I. Design and Analysis of a Novel Bearingless Motor for a Miniatu

Axial Flow Blood Pump[J]. IEEE Transactions on Industrial Electronics,2018,65(5): 4006-4016.

[43] 邓瑞清,虎刚,王全武.飞轮和控制力矩陀螺高速转子的涡动特性研究[J].空间控制技术与应用,2009,35(1): 56-60.

[44] Ming Xu X, Xie Zhong W. Nonlinear Numerical Simulation of Rotor Dynamics[J]. Applied Mathematics & Mechanics (1000-0887),2015,36(7).

[45] Ren Y, Su D, Fang J. Whirling Modes Stability Criterion for a Magnetically Suspended Flywheel Rotor with Significant Gyroscopic Effects and Bending Modes[J]. IEEE Transactions on Power Electronics,2013,28(12): 5890-5901.

[46] Samantaray A. Steady-State Dynamics of a Non-Ideal Rotor with Internal Damping and Gyroscopic Effects[J]. Nonlinear Dynamics,2009,56(4): 443-451.

[47] Smith R D, Weldon W F. Nonlinear Control of a Rigid Rotor Magnetic Bearing System: Modeling and Simulation with Full State Feedback[J]. IEEE Transactions on Magnetics, 1995, 31(2): 973-980.

[48] Wang J Q, Wang F X, Zong M. Critical Speed Calculation of Magnetic Bearing-Rotor System for a High Speed Machine[J]. Proceedings of the Chinese Society of Electrical Engineering,2007,27(27): 94-98.

[49] 万金贵,汪希平,江鹏,等.磁悬浮支承转子系统动力学特性计算与分析[J].应用力学学报,2008,25(3): 405-410.

[50] Shi M, Wang D, Zhang J. Nonlinear Dynamic Analysis of a Vertical Rotor-Bearing System[J]. Journal of Mechanical Science and Technology,2013,27(1): 9-19.

[51] Sun X, Chen L, Yang Z. Overview of Bearingless Permanent Magnet Synchronous Motors[J]. IEEE Transactions on Industrial Electronics,2013,60(12): 5528-5537.

[52] Amrhein W, Silber S, Nenninger K, et al. Developments on Bearingless Drive Technology[J]. JSME International Journal Series C,2003,46(2): 343-348.

[53] Salazar A O, Chiba A, Fukao T. A Review of Developments in Bearingless Motors[C]//Proc. 7th Int. Symp. Magn. Bearings. . [S. L.]: [S. N.],2000: 335-339.

[54] 王宝国,王凤翔.磁悬浮无轴承电机悬浮力绕组励磁及控制方式分析[J].中国电机工程学报,2002,22(5): 105-108.

[55] 邓智泉,杨钢,张媛,等.一种新型的无轴承开关磁阻电机数学模型[J].中国电机工程学报,2005,25(9): 139-146.

[56] 邓智泉,严仰光.无轴承交流电动机的基本理论和研究现状[J].电工技术学报,2000,15(2): 29-35.

[57] 黄练伟,胡基士.直线感应电机推力及法向力的计算[J].机车电传动,2005,2005(1): 36-39.

[58] 金新民.直线感应电机在地铁车辆上的应用[J].机车电传动,1998(2): 1-3.

[59] 上官璇峰,汪旭东,焦留成,等.单边直线感应电机法向力研究[J].焦作工学院学报,1997: 25-27.

[60] Wang L, Lei M, Lu Q, et al. Modeling and Simulation of Field Oriented Controlled Large Air-Gap Linear Induction Motor[C]//the 26th Chinese Control Conference. Zhangjiajie, Hunan: Chinese Association of Automation,2007.

[61] 王珂,史黎明,何晋伟,等.单边直线感应电机法向力牵引力解耦控制[J].中国电机工程学报,2009,29(6): 100-104.

[62] 吕刚,范瑜,李国国,等.基于解耦策略的直线感应牵引电机法向力自适应最优控制[J].中国电机工程学报,2009,29(9): 73-79.

[63] Rathore A K, Mahendra S N. Decoupled Control of Attraction Force and Propulsion Force in Linear Induction Motor Drive[C]//2003 IEEE International Conference on Industrial Technology, ICIT-Proceedings. Maribor, Slovenia: IEEE,2003,1: 524-529.

[64] Aditya K. Simulation and Study of Indirect Field Oriented Control for Independent Control of

Attraction Force in Lim[C]//Power, Energy and Control (ICPEC), 2013 International Conference on. [S. L.]: IEEE, 2013: 300-303.

[65] Okada Y, Nagai B, Shimane T. Cross-Feedback Stabilization of the Digitally Controlled Magnetic Bearing[J]. Journal of Vibration and Acoustics, 1992, 114(1): 54-59.

[66] Zhao L, Zhang K, Zhu R. Experimental Research on a Momentum Wheel Suspended by Active Magnetic Bearings[C]//8th International Symposium on Magnetic Bearings. [S. L.]: ISMB, 2002: 91-96.

[67] Ahrens M, Kucera L, Larsonneur R. Performance of a Magnetically Suspended Flywheel Energy Storage Device[J]. IEEE Transactions on Control Systems Technology, 1996, 4(5): 494-502.

[68] Palis S, Stamann M, Schallschmidt T. Nonlinear Adaptive Control of Magnetic Bearings[C]//Power Electronics and Applications, 2007 European Conference on. Aalborg, Denmark: IEEE, 2007: 102-111.

[69] 朱熀秋，黄振跃，阮颖，等. 交流主动磁轴承电主轴线性二次型最优控制[J]. 电机与控制学报，2012，16(10)：71-78.

[70] Lum K Y, Coppola V, Bernstein D. Adaptive Autocentering Control for an Active Magnetic Bearing Supporting a Rotor with Unknown Mass Imbalance [J]. Control Systems Technology, IEEE Transactions on, 1996, 4(5): 587-597.

[71] Gibson N S, Choi H, Buckner G D. H Control of Active Magnetic Bearings Using Artificial Neural Network Identification of Uncertainty[C]//Systems, Man and Cybernetics, 2003. IEEE International Conference on. Washington, D. C. , USA: IEEE, 2003, 2: 1449-1456.

[72] Sivrioglu S. Adaptive Backstepping for Switching Control Active Magnetic Bearing System with Vibrating Base[J]. Control Theory Applications, IET, 2007, 1(4): 1054-1059.

[73] Mushi S E, Lin Z, Allaire P E. Design, Construction, and Modeling of a Flexible Rotor Active Magnetic Bearing Test Rig [J]. Mechatronics, IEEE/ASME Transactions on, 2012, 17 (6): 1170-1182.

[74] 楼晓春，吴国庆. 主动磁轴承系统的自适应滑模控制[J]. 电工技术学报，2012，27(1)：142-147.

[75] Tsai N, Kuo C, Lee R. Regulation on Radial Position Deviation for Vertical AMB Systems[J]. Mechanical Systems and Signal Processing, 2007, 21(7): 2777-2793.

[76] Hovakimyan N, Cao C. L1 Adaptive Control Theory: Guaranteed Robustness with Fast Adaptation [M]. Philadelphia: Society for Industrial and Applied Mathematics, 2010.

[77] 刘延柱. 陀螺力学[M]. 北京：科学出版社，2009.

[78] Heard W B. Rigid Body Mechanics: Mathematics, Physics and Applications[M]. Weinheim: Wiley-VCH, 2005.

[79] 龙遐令. 直线感应电动机的理论和电磁设计方法[M]. 北京：科学出版社，2006.

[80] 郭慧浩. 地铁用直线感应电机的研究[D]. 北京：北京交通大学，2006.

[81] Da Silva E F, Dos Santos C C, Nerys J. Field Oriented Control of Linear Induction Motor Taking Into Account End-Effects[C]//Advanced Motion Control, 2004. AMC'04. the 8th IEEE International Workshop on. Kawasaki, Japan: IEEE, 2004: 689-694.

[82] Ryu H M, Ha J I, Sul S K. A New Sensorless Thrust Control of Linear Induction Motor[C]//Industry Applications Conference, 2000. Conference Record of the 2000 IEEE. Piscataway, NJ, USA: IEEE, 2000, 3: 1655-1661.

[83] 刘思嘉，范瑜，邸珺，等. 一种竖直无轴承电机结构及其转子定位控制[J]. 中国电机工程学报，2016，36(17)：4728-4736.

[84] 刘思嘉. 立式无轴承电机转子定位控制系统的研究[D]. 北京：北京交通大学，2017.

[85] 王成元，夏加宽，孙宜标. 现代电机控制技术[M]. 北京：机械工业出版社，2013.

[86] 汤蕴璆,张奕黄,范瑜. 交流电机动态分析[M]. 北京：机械工业出版社,2008.
[87] 魏源. 直线感应电机直接推力模糊控制研究[D]. 长沙：中南大学,2013.
[88] Edwards P L. A Physical Explanation of the Gyroscope Effect[J]. American Journal of Physics, 1977,45：1194-1196.
[89] Parks P C. Lyapunov Redesign of Model Reference Adaptive Control Systems[J]. Automatic Control,IEEE Transactions on,1966,11(3)：362-367.
[90] Shachcloth B,Butchart R. Synthesis of Model Reference Adaptive Control Systems by Lyapunov's Second Methods[J]. IFAC Aympo Sium,Jeddinglon,1965.
[91] Landau I D. A Hyperstability Criterion for Model Reference Adaptive Control Systems[J]. Automatic Control,IEEE Transactions on,1969,14(5)：552-555.
[92] Cao C,Hovakimyan N. L1 Adaptive Controller for a Class of Systems with Unknown Nonlinearities: Part I[C]//2008 American Control Conference. Seattle,Wa：IEEE Publ. Piscataway,NJ,2008：4093-4098.
[93] Ioannou P A,Sun J. Robust Adaptive Control[M]. Upper Saddle River,NJ：Prentice-Hall,1996.
[94] Sun H,Li Z,Hovakimyan N,et al. L1 Adaptive Control for Directional Drilling Systems[J]. IFAC Proceedings Volumes,2012,45(8)：72-77.
[95] Nguyen K D,Dankowicz H. Adaptive Control of Underactuated Robots with Unmodeled Dynamics [J]. Robotics and Autonomous Systems,2014,64：84-99.
[96] Boyd S,Vandenberghe L. Convex Optimization[M]. Cambridge,UK：Cambridge University Press,2004.
[97] Rockafellar T R. Convex Analysis[M]. Princeton,NJ,USA：Princeton University Press,1997.
[98] Pomet J B,Praly L. Adaptive Nonlinear Regulation：Estimation from the Lyapunov Equation[J]. Automatic Control,IEEE Transactions on,1992,37(6)：729-740.
[99] Isidori A. 非线性控制系统(卷 I)[M]. 3 版. 北京：电子工业出版社,2012：1-55.
[100] 刘小河. 非线性系统分析与控制引论[M]. 北京：清华大学出版社,2008：238-272.
[101] 卢强,梅生伟,孙元章. 电力系统非线性控制[M]. 2 版. 北京：清华大学出版社,2008：24-55.
[102] 张亮,房建成. 电磁轴承脉宽调制型开关功放的实现及电流纹波分析[J]. 电工技术学报,2007,22(3)：13-20.
[103] 孟庆芹. 基于 DSP 的磁悬浮轴承控制系统的研制[D]. 南京：河海大学,2005.
[104] 梁汉祥,张冈,黄莹. 具有高功率输出接口的罗氏线圈电流互感器[J]. 电测与仪表,2013,1.
[105] 李俊峰,张雄. 理论力学[M]. 2 版. 北京：清华大学出版社,2010.